남성복 패턴
men's wear

leomartino

책과
나무

머리말

모델리스트(Modelist)는 사전적 의미로 '모형 고안자', '모형 제작자', '옷본을 만드는 사람'
이라고 한다.

급변하는 현대사회에서 모델리스트는 디자인의 기획 단계부터 패턴 제작, 봉제 등의 제반 과정을
적절히 조정하여 한 벌의 옷이 탄생되는 전 공정의 그 자체로 예술이 되고, 가장 이상적인 시스템
으로 조화를 이룰 수 있도록 조직하는 조율자라고 할 수 있다. 즉, 모델리스트는 옷을 매개체로 예술
적인 감성을 형상화하는, 고도의 테크닉을 가진 패션스페셜리스트라고 할 수 있다.

인체는 삼차원의 입체적인 형태를 이룬다. 따라서 상의 의복 제작 시 셔츠나 티셔츠처럼 입체감이
없는 이너웨어(Inner wear)와 달리 점퍼, 자켓, 코트 같은 아웃웨어(Out wear)는 입체적인 패턴
으로 제작되어져야 한다.

때문에 이 책에서는 남성복 토르소원형(Martino Torso)을 개발하여 인체에 대한 기본원리를 이해
할 수 있게 하였고, 응용패턴을 보다 효율적인 방법으로 제도할 수 있도록 아이템에 맞는 기본원형을
제도하여 수록 하였다.

이 책은 다음과 같은 특징적인 내용들을 담고 있다.

첫째, 이 책은 남성복의 기본아이템인 셔츠, 티셔츠, 바지, 점퍼, 베스트, 패딩코트 등의 기본패턴을
주된 내용으로 하고 있다.

둘째, 이 책은 저자가 패션업계에서 다년간 근무하면서 경험했던 노하우와 연구를 바탕으로 얻어진
수치적인 결과물을 최대한 반영하였다. 그리고 패턴제도를 위한 기준 치수는 저자가 임의로 산출한
것임을 강조한다.

셋째, 인체의 둘레치수는 앞품, 겹품, 뒤품으로 세 등분하였고, 몸판 암홀에 따라 소매형태가 결정되
어지는 원리를 최대한 알기 쉽게 설명하려 노력했다.

넷째, 인체 누드 값은 상의의 경우 신장 178cm, 가슴둘레 92cm로 했고, 하의는 허리 84cm,
엉덩이 97cm로 정했으며, 위의 누드 값을 캐릭터 브랜드에 적합한 여유분을 더하여 신장에 맞게
길이를 분할했다. 사이즈는 편의를 위해 상의의 경우 95호, 하의는 100호로 제작하는 것을 기준으로
했으며, 호당 사이즈 편차는 4cm로 계산했다.

다섯째, 디자인을 풀어갈 때는 기본원형을 토대로 하여 디자인이 전개되도록 했다.

독자들은 이 책의 내용을 토대로 직접 패턴제도와 실물제작 등을 통한 끊임없는 연습, 그리고 완성된
작품에 대한 창조적 재해석으로 자신만의 노하우를 다지고 나날이 새롭게 발전시켜 나가길 간절히
소망한다.

끝으로, 이 책이 나오기까지 물심양면으로 도와주신 모든 분들에게 머리 숙여 감사드린다.

2014년 5월
저자 조 극 영

추천의 글

세계적 석학이자 저명한 사회학자인 미국의 리처드 세넷(Richard sennett)은 자신의 저서 「장인」에서 "장인은 10만 시간 이상의 무수한 반복과 연습을 통해 손으로 생각하는 사람" 이라고 설명합니다.

저는 30년 이상 수많은 작업을 해왔으나 감각적으로 손이 하는 일을 과학적으로 분석하고 자료화하는 데는 많은 어려움을 느끼고 있습니다.

이 책은 저자가 숱한 고민과 경험 속에서 터득한 패턴의 구조적 원리를 일관성 있는 이론과 체계적 설명으로 알기 쉽게 잘 표현해주고 있습니다. 때문에 장차 저자와 같은 모델리스트를 꿈꾸는 독자들이 어떤 스타일의 옷을 고민하든 그 해결점은 결국 기본원형으로부터 시작된 다는 것을 금방 알 수 있게 합니다.

다양한 인체의 아름다움을 위해 평면의 종이와 원단에 다양한 선을 그리고, 바느질로 옷의 입체 공간을 완성하는 과정에 있어서 모델리스트의 역할이 얼마나 멋지고 책임 있는 일인지도 이 책은 잘 말해주고 있습니다.

또한, 저자는 스타일과 디자인적 요소를 중시하면서도 결코 그것들에 구속되지 않는 자유롭고 폭넓은 패턴기술을 표현하고 있습니다. 뿐만 아니라, 그 동안의 다양한 실무 경험을 바탕으로 디자인, 재단, 봉제등에 이르기까지 그것을 적절히 전달하는 탁월한 교수능력까지 잘 드러내 보이고 있습니다.

앞서 저자도 말했듯이 이 책에서 소개되는 기본전개과정을 잘 이해하고, 그것을 바탕으로 실제 옷을 제작해 본 뒤, 이를 다시 새롭고 창의적인 시각으로 재해석하는 과정을 거친다면 많은 후배 모델리스트들이 자신의 전도유망한 미래를 열어가는 데 소중한 밑거름이 될 수 있을 것이라 생각합니다.

사실 이번 출판은 국내 많은 모델리스트들과 패션업계 관계자들이 꽤 오랜 시간 목말라 해왔던 것임을 강조하지 않을 수 없습니다. 더구나 이 책은 저자의 소중한 실천적 경험과 노하우, 연구의 결과물들이 아낌없이 담겨져 있습니다.
그런 점에서 이 책이 세상에 나오게 된 것은 단순한 출판 그 이상의 의미와 가치를 가진다고 할 것입니다.

이번 출판으로 우리 패션업계에 또 하나의 소중한 자산을 만들어낸 저자에게 이 지면을 빌어 깊이 감사드리며, 앞으로 더욱 정진하여 국내 패션업계의 새로운 패러다임을 만들어 가는 창조적 모델리스트로 성장해 나가길 기원합니다.

2014년 6월
백 운 현 명장

차 례

1장 바지

1) 기본 허리 바지

(1) 기본 허리바지 앞판

허리둘레(W) 8 4 c m

엉덩이둘레(H) 9 7 c m

바지부리(L) 3 6 . 8 c m

허리벨트 사이즈   4 3 . 2 5 c m

0 . 5 너치 이동

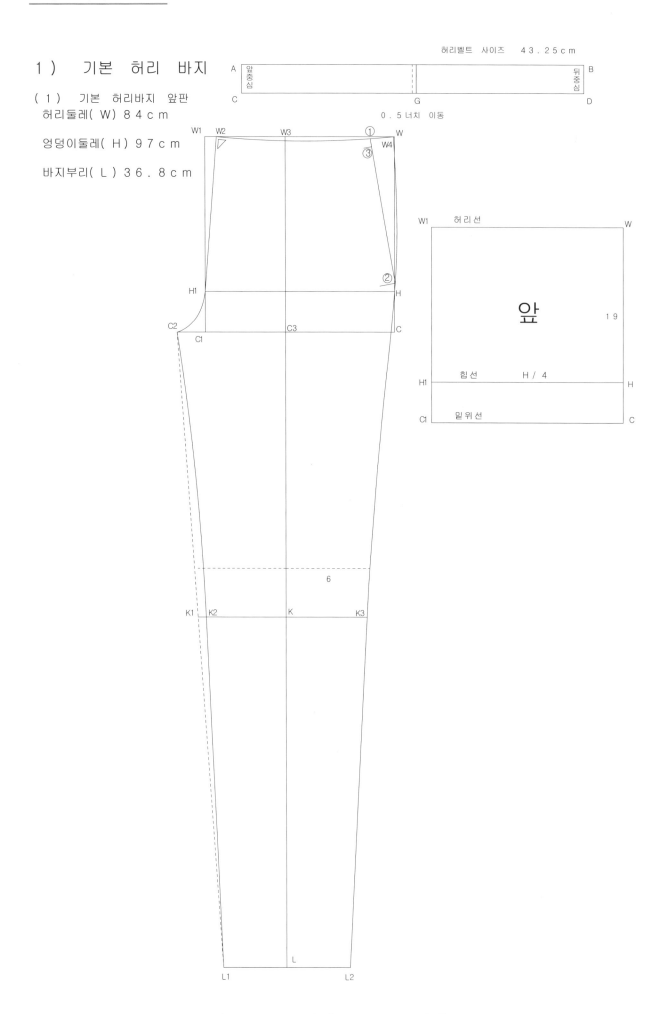

1) 기본 허리 바지
(1) 기본 허리 바지 앞판

허리둘레(W)	84cm	
엉덩이둘레(H)	97cm	

벨트 제작

A-B	(43.25cm)	허리 벨트길이 (86.5cm) /2
		허리 84+2.5cm (내외경차) = 86.5cm
A-C	(3.5cm)	벨트두께 B-D 치수 동일
C-G	(22.1cm)	앞 허리
G-D	(21.1cm)	뒤 허리

앞판

W - C	(24cm)	밑위 길이. W1-C1 치수 동일.
W-H	(19cm)	힙길이. W1-H1치수 동일.
C1-C2	(3.5cm)	앞샅의 너비. H1-C2 자연스러운 곡선을 만들어준다.
C3		결선, C2-C 1/2지점 (W3 생성)
C3-K	(35cm)	무릎선 35cm
C3-L	(78cm)	기장 78cm
L-L1	(8.2cm)	부리 8.2cm (18.4cm /2 - 1cm)
L-L2	(8.2cm)	부리 8.2cm (18.4cm /2 - 1cm)
K1		L1-C2 직선연결하여 무릎선과 만나는 지점
K1-K2	(1cm)	K2는 L1과 직선연결, C2와 곡선 연결
K-K3		K2-K 간격과 동일 (L2와 직선 연결)
W1-W2	(1.5cm)	W1에서 1.5cm 이동한 지점과 H1연결
		앞판의 기울기를 결정하는 선이며 앞중심선이 된다.
W2-W4	(22.6cm)	벨트앞판길이 +0.5cm(이세량)
		W2지점에서 앞중심과 직각을 이루면서 자연스런 곡선으로 그린다.
W4-H-K3		곡선을 사용해서 자연스러운 옆선 연결

앞판주머니

W4-①	(3cm)	옆선에서 3cm들어온 지점.
W-②	(18cm)	허리에서 18cm내린 지점.
①-③	(1cm)	허리선에서 1cm내려온 지점. (간도매-주머니입구 시작)

1) 기본 허리 바지

(1) 기본 허리바지 뒤판

허리둘레(W) 8 4 c m

엉덩이둘레(H) 9 7 c m

바지부리(L) 3 6 . 8 c m

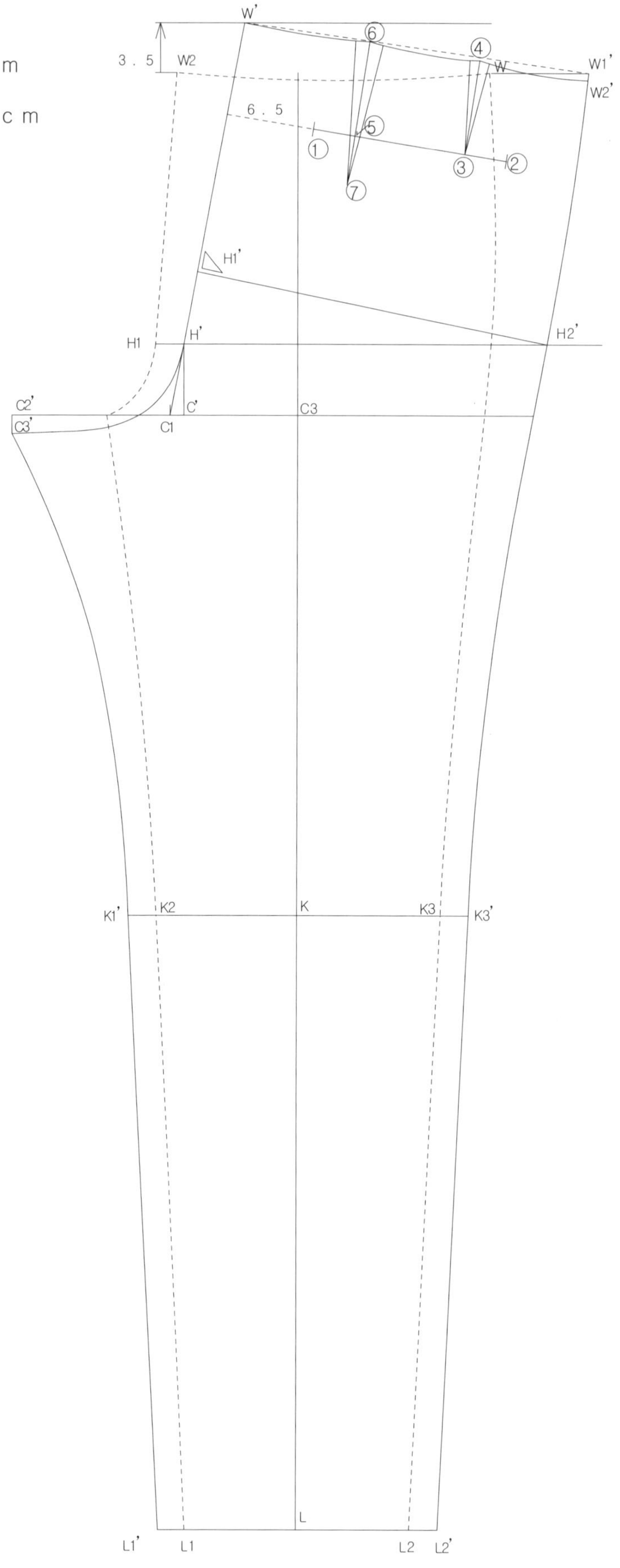

3 . 5

6 . 5

W'
W2
①
②
③
④
⑤
⑥
⑦
W
W1'
W2'

H1'
H1
H'
H2'

C2'
C3'
C1
C'
C3

K1'
K2
K
K3
K3'

L1'
L1
L
L2
L2'

1) 기본 허리 바지
(2) 기본 허리 바지 뒤판

허리둘레(W)	84cm
엉덩이둘레(H)	97cm

뒤판

H1-H'	(2cm)	앞 힙에서 2cm띄운다.
H1-C'	(5cm)	수직으로 내린다.
C'-C1	(1cm)	뒤 시리 각도.
W'		W2에서 수직으로 3.5cm올린 지점.
		C1-H'을 직선으로 연결.(뒷시리)
H1'-H2'	(25.75cm)	H/4 + 1.5cm (여유량)
		H1'의 직각인 선과 H2'의 수평선과 일치한나.
W'-W1'	(25cm)	벨트뒤판길이 + 0.5cm(이세량) = 21.6cm + 3.4cm (다트량)
		뒷중심선 W'에서 앞판허리선과 25cm 접하는 지점
W1'-W2'	(0.5cm)	앞판 옆선과 뒷판 옆선 길이에 맞춰서 사이즈 조절.
		뒷판 옆선 길이에 0.3cm 이세를 준다.
C'-C2'	(12.5cm)	뒤샅 너비
C2'-C3'	(1.3cm)	뒷밑을 내린다. 앞판 인심선과 일치한다.
		H'에서 C3'까지 자연스런 곡선으로 뒷시리를 완성한다.
K2-K1'	(2cm)	앞판보다 2cm 더 크게 한다. 실루엣에 따라 차이가 더 날 수 있다.
C3'-K1'		자연스러운 곡선으로 그린다.
L1-L1'	(2cm)	앞판보다 2cm 더 크게 한다.(18.4cm/2+1cm)
K1'-L1'		직선으로 연결한다.
K3-K3'	(2cm)	앞판보다 2cm 더 크게 한다. 실루엣에 따라 차이가 더 날 수 있다.
W2'-H2'-K3'		곡선을 사용해서 자연스러운 옆선 연결
L2-L2'	(2cm)	앞판보다 2cm 더 크게 한다.(18.4cm/2+1cm)
K3'-L2'		직선으로 연결한다.

뒤판주머니

①	(6.5cm)	허리선에서 수평으로 6.5cm 내리고, 뒷중심에서 6.5cm 이동한 지점.
①-②	(14cm)	뒷주머니 길이
①-⑤	(3cm)	
⑥		5 에서 직각으로 올린다. 다트량을 2cm만든다.
⑤-⑦	(3.5cm)	3.5cm연장하여 다트 끝점을 만든다.(3.5cm~4cm)
②-③	(3cm)	다트 끝점 위치
④		3 에서 직각으로 올린다. 다트량을 1.4cm만든다.

1) 기본 골반 바지

(2) 기본 골반바지 앞판

허리둘레(W)   8 4 c m

엉덩이둘레(H)   9 7 c m

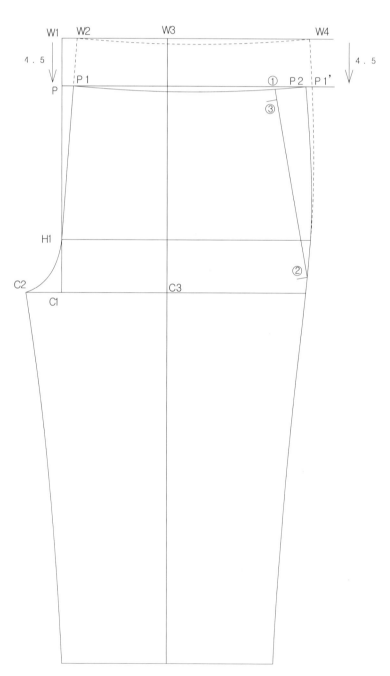

1) 기본 골반 바지
(2) 기본 골반 바지 앞판

허리둘레(W)   84cm

엉덩이둘레(H)   97cm

벨트 제작

A-B   (43.25cm)   허리 벨트길이 (86.5cm) /2

허리 84+2.5cm (내외경차) = 86.5cm

A-C   (3.5cm)   벨트두께 B-D 치수 동일

C-G   (22.1cm)   앞 허리

G-D   (21.1cm)   뒤 허리

앞판

W1-P   (4.5cm)   W 허리선을 평행으로 4.5cm 내림. W-P1' 치수 동일

P1   4.5cm 내린 허리선과 W2-H1 앞중심선의 교차점

P1-P2   (22.6cm)   벨트앞판길이 +0.5cm(이세량)

P1지점에서 앞중심과 직각을 이루면서 자연스런 곡선으로 그린다.

앞판주머니

P2-①   (3cm)   옆선에서 3cm들어온 지점.

P2-②   (18cm)   허리에서 18cm내린 지점.

①-③   (1cm)   허리선에서 1cm내려온 지점. (간도매-주머니입구 시작)

1) 기본 골반 바지

(2) 기본 골반바지 뒤판

허리둘레(W)　　8 4 c m

엉덩이둘레(H)　　9 7 c m

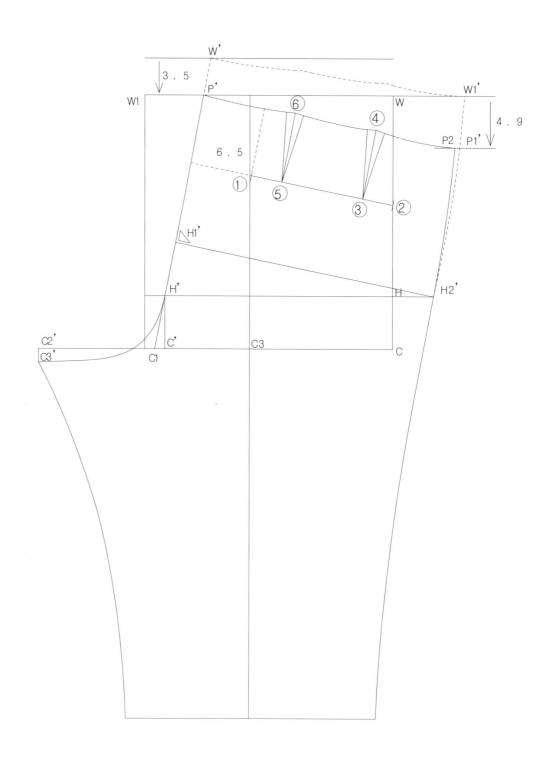

1) 기본 골반 바지
(2) 기본 골반 바지 뒤판

허리둘레(W)   84cm

엉덩이둘레(H)   97cm

뒤판

W'-P'   (3.5cm)   W'선을 평행으로 3.5cm 내린 선, 즉 기본허리선과 W'-H' 뒷중심선의 교차점

W1'-P1'   (4.9cm)   앞판 옆선과 뒷판 옆선 길이에 맞춰서 사이즈 조절 (0~0.3cm)

                                  (4.5cm~4.9cm) 뒤판와끼길이에 0.3cm이세를 준다.

P'-P2   (25cm)   벨트뒤판길이 + 0.5cm(이세량) = 21.6cm + 3.4cm (다트량)

                                 뒷중심선 P'에서 앞판허리선과 25cm 접하는 지점

뒤판주머니

①   (6.5cm)   허리선에서 수평으로 6.5cm 내리고, 뒷중심에서 6.5cm이동한 지점.

①-②   (14cm)   뒷주머니 길이

①-⑤   (3cm)

⑥   5 에서 직각으로 올린다. 다트량을 1.7cm만든다.

②-③   (3cm)   다트 끝점 위치

④   3 에서 직각으로 올린다. 다트량을 1.7cm만든다.

2) 클래식 바지

(1) 클래식 허리바지 앞판
허리둘레(W) 8 4 c m

엉덩이둘레(H) 9 7 c m

바지부리(L) 3 6 . 8 c m

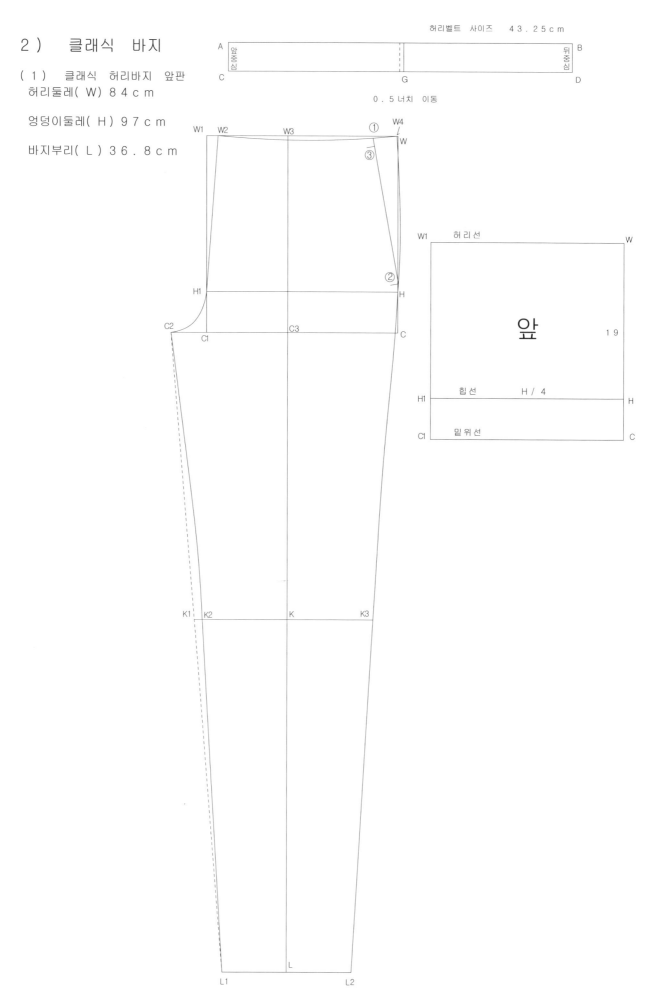

허리벨트 사이즈   4 3 . 2 5 c m

0 . 5 너치 이동

허 리 선

앞

1 9

힙 선   H / 4

밑 위 선

2) 클래식 허리 바지
(1) 클래식 허리 바지 앞판

허리둘레(W)	84cm	
엉덩이둘레(H)	97cm	

벨트 제작

A-B	(43.25cm)	허리 벨트길이 (86.5cm) /2
		허리 84+2.5cm (내외경차) = 86.5cm
A-C	(3.5cm)	벨트두께 B-D 치수 동일
C-G	(22.1cm)	앞 허리
G-D	(21.1cm)	뒤 허리

앞판

W – C	(24cm)	밑위 길이. W1-C1 치수 동일.
W-H	(19cm)	힙길이. W1-H1치수 동일.
C1-C2	(4.5cm)	앞샅의 너비. H1-C2 자연스러운 곡선을 만들어준다.
C3		결선, C2-C 1/2지점 (W3 생성)
C3-K	(35cm)	무릎선 35cm
C3-L	(78cm)	기장 78cm
L-L1	(8.2cm)	부리 8.2cm (18.4cm /2 – 1cm)
L-L2	(8.2cm)	부리 8.2cm (18.4cm /2 – 1cm)
K1		L1-C2 직선연결하여 무릎선과 만나는 지점
K1-K2	(1cm)	K2는 L1과 직선연결, C2와 곡선 연결
K-K3		K2-K 간격과 동일 (L2와 직선 연결)
W1-W2	(1.5cm)	W1에서 1.5cm 이동한 지점과 H1연결
		앞판의 기울기를 결정하는 선이며 앞중심선이 된다.
W2-W4	(22.6cm)	벨트앞판길이 +0.5cm(이세량)
		W2지점에서 앞중심과 직각을 이루면서 자연스런 곡선으로 그린다.
W4-H-K3		곡선을 사용해서 자연스러운 옆선 연결

앞판주머니

W4-①	(3cm)	옆선에서 3cm들어온 지점.
W-②	(18cm)	허리에서 18cm내린 지점.
①-③	(1cm)	허리선에서 1cm내려온 지점. (간도매-주머니입구 시작)

2) 클래식 바지

(1) 클래식 허리바지 뒤판
 허리둘레(W) 8 4 c m

 엉덩이둘레(H) 9 7 c m

 바지부리(L) 3 6 . 8 c m

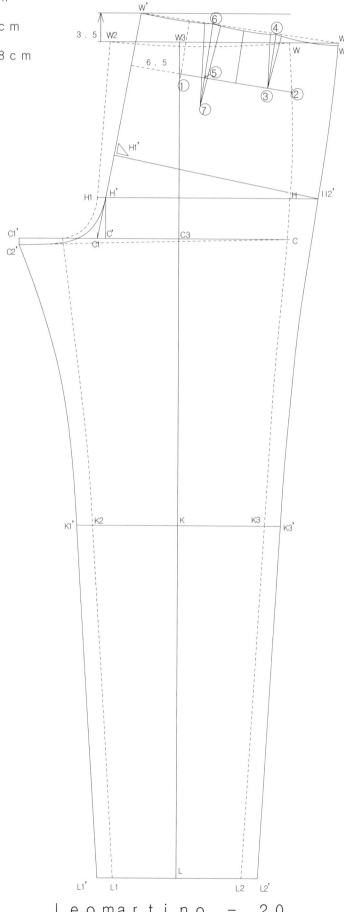

2) 클래식 허리 바지
(1) 클래식 허리 바지 뒤판

허리둘레(W)	84cm	
엉덩이둘레(H)	97cm	

뒤판

H1-H'	(1cm)	앞 힙에서 1cm띄운다.
H1-C'	(5cm)	수직으로 내린다.
C'-C1	(1cm)	뒤 시리 각도.
W'		W1에서 수직으로 3.5cm올린 지점.
		C1-H'을 직선으로 연결.(뒷시리)
H1'-H2'	(25.75cm)	H/4 + 1.5cm (여유량)
		H1'의 직각인 선과 H2'의 수평선과 일치한다.
W'-W1'	(25cm)	벨트뒤판길이 + 0.5cm(이세량) = 21.6cm + 3.4cm (다트량)
		뒷중심선 W'에서 앞판허리선과 25cm 접하는 지점
W1'-W2'	(0.3cm)	앞판 옆선과 뒷판 옆선 길이에 맞춰서 사이즈 조절.
C'-C1'	(11cm)	뒤샅 너비
C1'-C2'	(0.8cm)	뒷밑을 내린다. 앞판 인심선과 일치한다. C2'-C을 직선으로 연결한다.
		H'에서 C2'까지 자연스런 곡선으로 뒷시리를 완성한다.
K2-K1'	(2cm)	앞판보다 2cm 더 크게 한다. 실루엣에 따라 차이가 더 날 수 있다.
C2'-K1'		자연스러운 곡선으로 그린다.
L1-L1'	(2cm)	앞판보다 2cm 더 크게 한다.
K1'-L1'		직선으로 연결한다.
K3-K3'	(2cm)	앞판보다 2cm 더 크게 한다. 실루엣에 따라 차이가 더 날 수 있다.
W2'-H2'-K3'		곡선을 사용해서 자연스러운 옆선 연결
L2-L2'	(2cm)	앞판보다 2cm 더 크게 한다.
K3'-L2'		직선으로 연결한다.

뒤판주머니

①	(6.5cm)	허리선에서 수평으로 6.5cm 내리고, 뒷중심에서 6.5cm 이동한 지점.
①-②	(14cm)	뒷주머니 길이
①-⑤	(3cm)	
⑥		5 에서 직각으로 올린다. 다트량을 2cm만든다.
⑤-⑦	(3.5cm)	3.5cm연장하여 다트 끝점을 만든다.
②-③	(3cm)	다트 끝점 위치
④		3 에서 직각으로 올린다. 다트량을 1.4cm만든다.

2)　클래식　바지

(2)　클래식　골반바지　앞판

허리둘레(W)　　8 4 c m

엉덩이둘레(H)　　9 7 c m

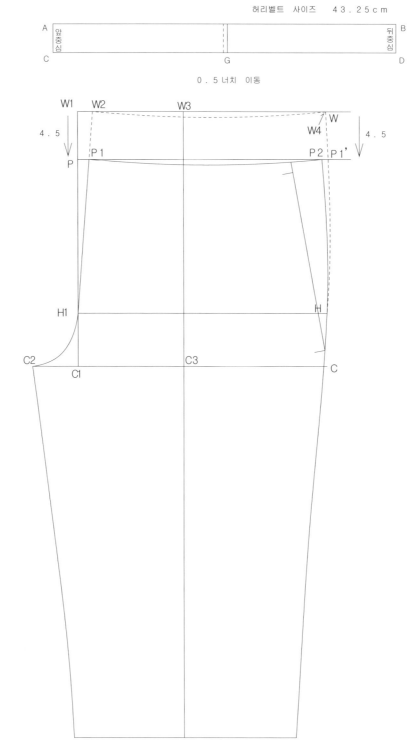

2) 클래식 바지

(2)   클래식 골반바지 뒤판

허리둘레(W)   8 4 c m

엉덩이둘레(H)   9 7 c m

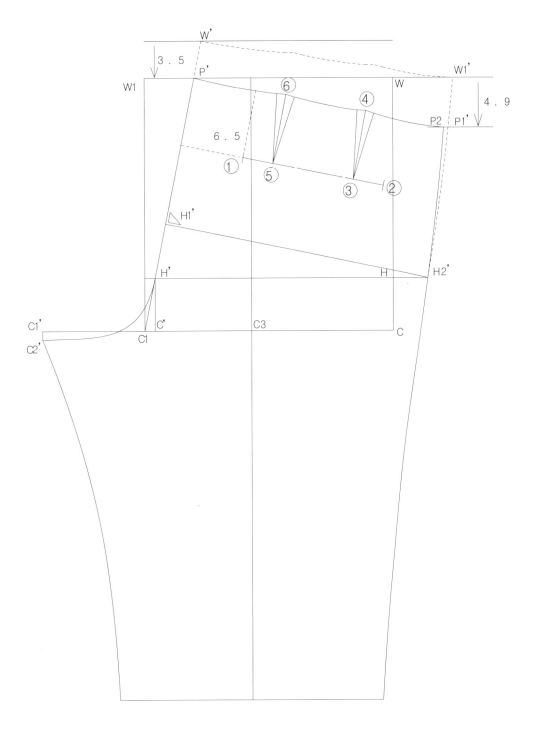

3)　캐주얼 허리바지

(1)　캐주얼 허리바지 앞판

허리둘레(W) 8 4 c m

엉덩이둘레(H) 9 7 c m

바지부리(L) 3 6 c m

허리벨트 사이즈　4 3 . 2 5 c m

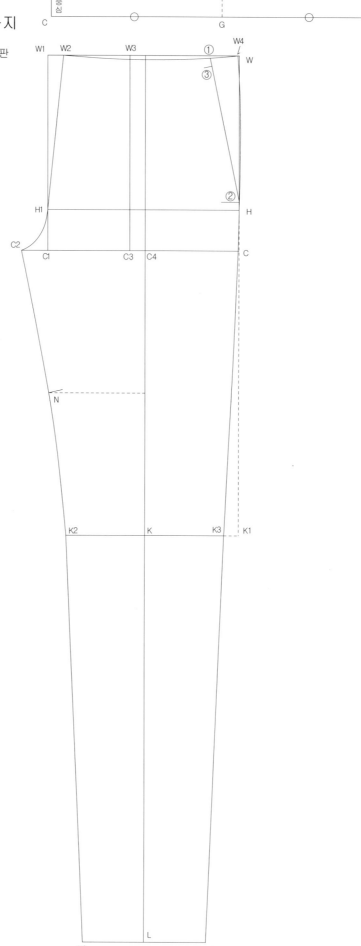

3) 캐주얼 허리 바지
(1) 캐주얼 허리 바지 앞판

허리둘레(W)　　　　84cm
엉덩이둘레(H)　　　97cm

벨트 제작

A-B	(43.25cm)	허리 벨트길이 (86.5cm) /2
		허리 84+2.5cm (내외경차) = 86.5cm
A-C	(4cm)	벨트두께 B-D 치수 동일
C-G	(21.6cm)	앞 허리 (허리 43.25 / 2)
G-D	(21.6cm)	뒤 허리 (허리 43.25 / 2)

앞판

W - C	(24cm)	밑위 길이. W1-C1 치수 동일. (K1생성)
W-H	(19cm)	힙길이. W1-H1치수 동일.
C1-C2	(3.5cm)	앞샅의 너비. H1-C2 자연스러운 곡선을 만들어준다.
C3		C2-C 1/2지점 (W3 생성)
C3-C4	(2cm)	결선
C4-K	(35cm)	무릎선 35cm
C4-L	(78cm)	인심기장 78cm
L-L1	(8cm)	부리 8cm (18cm/2 - 1cm)
L-L2	(8cm)	부리 8cm (18cm/2 - 1cm)
K1-K3	(1.8cm)	실루엣 결정
K3-K	(10cm)	무릎 폭
K-K2	(10cm)	K3-K 간격과 동일
C2-K2		C2-K2 자연스럽게 연결
K2-L1		K2-L1 자연스럽게 연결
W1-W2	(2cm)	W1에서 2cm 이동한 지점과 H1연결
		앞판의 기울기를 결정하는 선이며 앞중심선이 된다.
W2-W4	(22.1cm)	벨트앞판길이 +0.5cm(이세량)
		W2지점에서 앞중심과 직각을 이루면서 자연스런 곡선으로 그린다.
W4-H-K3-L2		곡선을 사용해서 자연스러운 옆선 연결

앞판주머니

W4-①	(3.5cm)	옆선에서 3.5cm들어온 지점.
W4-②	(18cm)	허리에서 18cm내린 지점.
①-③	(1cm)	허리선에서 1cm내려온 지점. (간도매-주머니입구 시작)

3) 캐주얼 허리바지

(1) 캐주얼 허리바지 뒤판

허리둘레(W) 8 4 c m

엉덩이둘레(H) 9 7 c m

바지부리(L) 3 6 c m

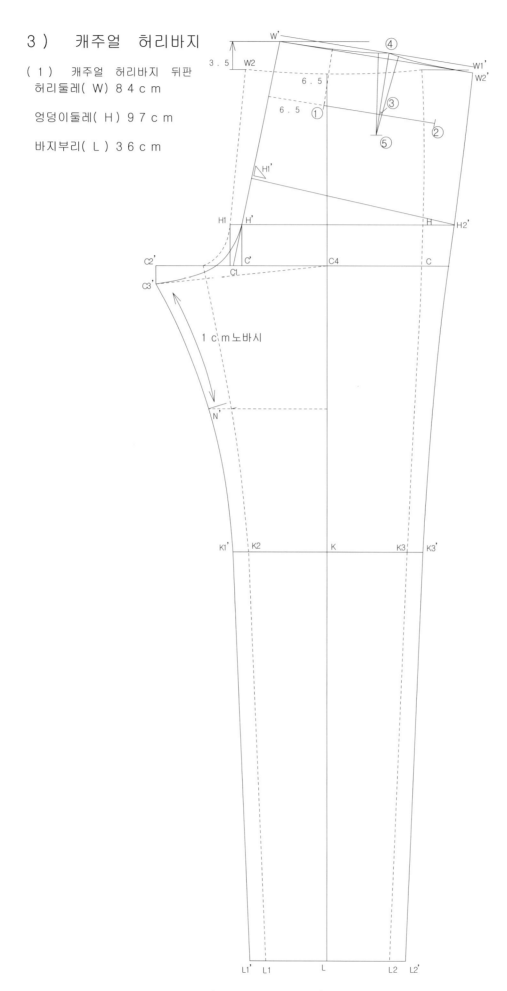

3) 캐주얼 허리 바지
(1) 캐주얼 허리 바지 뒤판

| 허리둘레(W) | 84cm |
| 엉덩이둘레(H) | 97cm |

뒤판

H1-H'	(1.5cm)	앞 힙에서 1.5cm띄운다. (1cm~1.5cm)
H'-C'	(5cm)	수직으로 내린다.
C'-C1	(1cm)	뒤 시리 각도.
W'		W2에서 수직으로 3.5cm올린 지점.
		C1-H'을 직선으로 연결.(뒷시리)
H1'-H2'	(25.75cm)	H/4 + 1.5cm (여유량)
		H1'의 직각인 선과 H2'의 수평선과 일치한다.
W'-W1'	(24.6cm)	벨트뒤판길이 + 0.5cm(이세량) = 22.1cm + 2.5cm (다트량)
		뒷중심선 W'에서 앞판허리선과 24.6cm 접하는 지점
W1'-W2'	(0.3cm)	앞판 옆선과 뒷판 옆선 길이에 맞춰서 사이즈 조절.
		뒷판 옆선 길이에 0.3cm 이세를 준다.
C'-C2'	(11cm)	뒤샅 너비
C2'-C3'	(2.2cm)	뒷밑을 내린다. 앞판 인심선보다 2.2cm작다. C3'-C4을 직선으로 연결한다.
		H'에서 C3'까지 자연스런 곡선으로 뒷시리를 완성한다.
K2-K1'	(2cm)	앞판보다 2cm 더 크게 한다. 실루엣에 따라 차이가 더 날 수 있다.
C3'-K1'		자연스러운 곡선으로 그린다.
L1-L1'	(2cm)	앞판보다 2cm 더 크게 한다.
K1'-L1'		앞판 인심선과 동일하게 그린다.
K3-K3'	(2cm)	앞판보다 2cm 더 크게 한다. 실루엣에 따라 차이가 더 날 수 있다.
L2-L2'	(2cm)	앞판보다 2cm 더 크게 한다.
K3'-L2'		뒤판 인심선과 동일하게 그린다.
W2'-H2'-K3'		곡선을 사용해서 자연스러운 옆선 연결

뒤판주머니

①	(6.5cm)	허리선에서 수평으로 6.5cm 내리고, 뒷중심에서 6.5cm 이동한 지점.
①-②	(14cm)	뒷주머니 길이
①-③	(7cm)	뒤주머니 1/2지점
④		3에서 직각으로 올린다. 다트량을 2.5cm만든다.
③-⑤	(3.5cm)	3.5cm연장하여 다트 끝점을 만든다. (3.5cm~4cm)
		선을 연결하여 다트를 만든다.

3) 캐주얼 골반 바지

(1) 캐주얼 골반 바지 앞판

허리둘레(W) 8 4 c m

엉덩이둘레(H) 9 7 c m

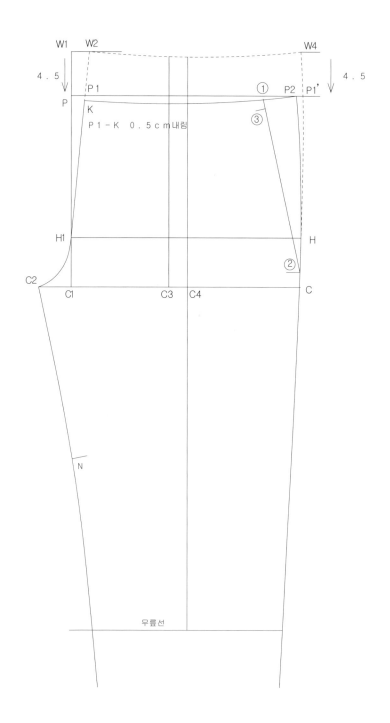

3) 캐주얼 골반 바지

(1) 캐주얼 골반 바지 뒤판
허리둘레(W) 8 4 c m

엉덩이둘레(H) 9 7 c m

바지부리(L) 3 6 c m

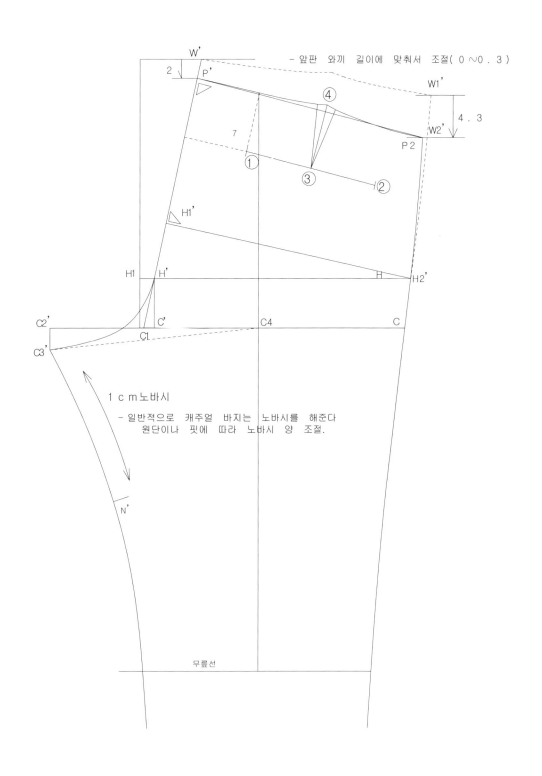

무릎선

4) 원턱 허리 바지

(1) 원턱 허리바지 앞판
허리둘레(W) 8 4 c m

엉덩이둘레(H) 9 7 c m

바지부리(L) 3 6 . 8 c m

허리벨트 사이즈   4 3 . 2 5 c m

A 앞중심   뒤중심 B

C   G   D

0 . 5 너치 이동

W1 W2   W3   T   ① W W4
                                ③

                                        ②

H1   H

C2   C4   C
C1   C
C3

T 1

K1 K2   K   K3

L1   L   L2

4) 원턱허리 바지
(1) 원턱 허리 바지 앞판

허리둘레(W)	84cm	
엉덩이둘레(H)	97cm	

벨트 제작

A-B	(43.25cm)	허리 벨트길이 (86.5cm) /2
		허리 84+2.5cm (내외경차) = 86.5cm
A-C	(3.5cm)	벨트두께 B-D 치수 동일
C-G	(22.1cm)	앞 허리
G-D	(21.1cm)	뒤 허리

앞판

W – C	(24cm)	밑위 길이. W1-C1 치수 동일.
W-H	(19cm)	힙길이. W1-H1치수 동일.
H-H1	(27.7cm)	앞판 힙둘레 24.25cm + 3.4cm (턱분량 5cm일때)
C1-C2	(4.2cm)	앞샅의 너비.
C2-C3	(0.2cm)	0.2cm내려서 H1-C3 자연스러운 곡선을 만들어준다.
C4		결선, C2-C 1/2지점 (W3, K, L 생성)
C4-K	(35cm)	무릎선 35cm
C4-L	(78cm)	기장 78cm
L-L1	(8.2cm)	부리 8.2cm (18.4cm /2 – 1cm)
L-L2	(8.2cm)	부리 8.2cm (18.4cm /2 – 1cm)
K1		C3-L1직선연결하여 무릎선과 만나는 지점
K1-K2	(1.5cm)	K2는 L1과 직선연결, C3와 곡선 연결
K-K3	(11cm)	K2-K 간격과 동일 (L2와 직선 연결)
K3-L2		직선 연결한다.
W1-W2	(0.7cm)	W1에서 0.7cm 이동한 지점과 H1연결
		앞판의 기울기를 결정하는 선이며 앞중심선이 된다.
W2-W4	(27.6cm)	벨트앞판길이 +0.5cm(이세량)+다트량 5cm
W4-H-K3		곡선을 사용해서 자연스러운 옆선 연결

앞판주머니

W4-①	(3cm)	옆선에서 3cm들어온 지점.
W4-②	(18cm)	허리에서 18cm내린 지점.
①-③	(1cm)	허리선에서 1cm내려온 지점. (간도매-주머니입구 시작)

TUCK

W3-T	(5cm)	턱분량
C4-T1	(7cm)	턱끝점
		턱을 접은 상태에서 허리선을 자연스럽게 그린다.

4) 원턱 허리 바지

(1) 원턱 허리바지 뒤판

허리둘레(W)   8 4 c m

엉덩이둘레(H)   9 7 c m

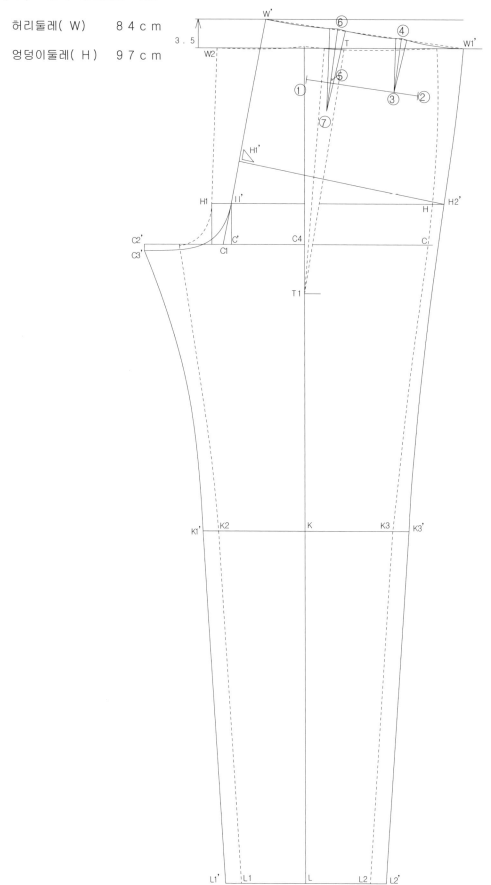

4) 원턱허리 바지
(1) 원턱 허리 바지 뒤판

허리둘레(W)   84cm
엉덩이둘레(H)   97cm

뒤판

H1-H'	(2.4cm)	앞 힙에서 2.4cm띄운다.
H'-C'	(5cm)	수직으로 내린다.
C'-C1	(1cm)	뒤 시리 각도.
W'		W2에서 수직으로 3.5cm올린 지점.
		C1-H'을 직선으로 연결.(뒷시리)
H1'-H2'	(26.25cm)	H/4 + 2cm (여유량) H/4+1.5cm(슬림)
		H1'의 직각인 선과 H2'의 수평선과 일치한다.
W'-W1'	(25cm)	벨트뒤판길이 + 0.5cm(이세량) = 21.6cm + 3.4cm (다트량)
		뒷중심선 W'에서 앞판허리선과 25cm 접하는 지점
C'-C2'	(11cm)	뒤살 너비
C2'-C3'	(0.8cm)	뒷밑을 내린다. 앞판 인심선과 일치한다.
		H'에서 C3'까지 자연스런 곡선으로 뒷시리를 완성한다.
K2-K1'	(2cm)	앞판보다 2cm 더 크게 한다. 실루엣에 따라 차이가 더 날 수 있다.
C3'-K1'		자연스러운 곡선으로 그린다.
L1-L1'	(2cm)	앞판보다 2cm 더 크게 한다.
K1'-L1'		직선으로 연결한다.
K3-K3'	(2cm)	앞판보다 2cm 더 크게 한다. 실루엣에 따라 차이가 더 날 수 있다.
L2-L2'	(2cm)	앞판보다 2cm 더 크게 한다.
K3'-L2'		직선으로 연결한다.
W1'-H2'-K3'		곡선을 사용해서 자연스러운 옆선 연결

뒤판주머니

①	(6.5cm)	허리선에서 수평으로 6.5cm 내리고, 뒷중심에서 6.5cm 이동한 지점.
①-②	(14cm)	뒷주머니 길이
①-⑤	(3cm)	
⑥		5 에서 직각으로 올린다. 다트량을 2cm만든다.
⑤-⑦	(3.5cm)	3.5cm연장하여 다트 끝점을 만든다. (3.5cm~4.5cm)
②-③	(3cm)	다트 끝점 위치
④		3 에서 직각으로 올린다. 다트량을 1.4cm만든다.

4) 원턱 허리 바지

틱분량을 접어서 허리선을 자연스럽게 연결한다.

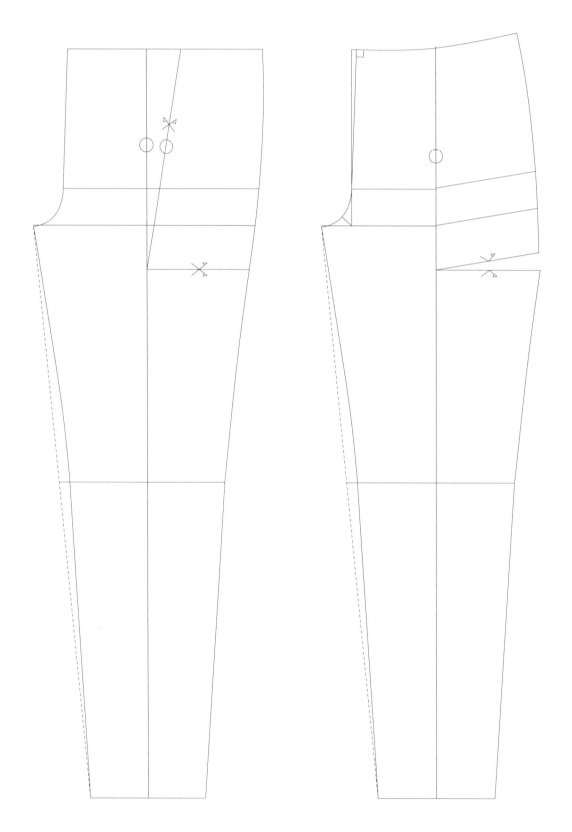

4) 원턱 허리 바지 완성

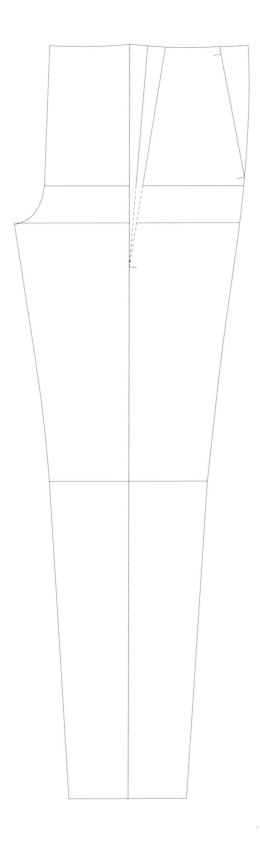

4) 원턱 골반 바지 앞판

- 허리사이즈는 변동 없음.

수직으로 내린다.
턱분량 변동 없음 5 c m

턱분량을 접어서 허리선을 자연스럽게 연결한다.

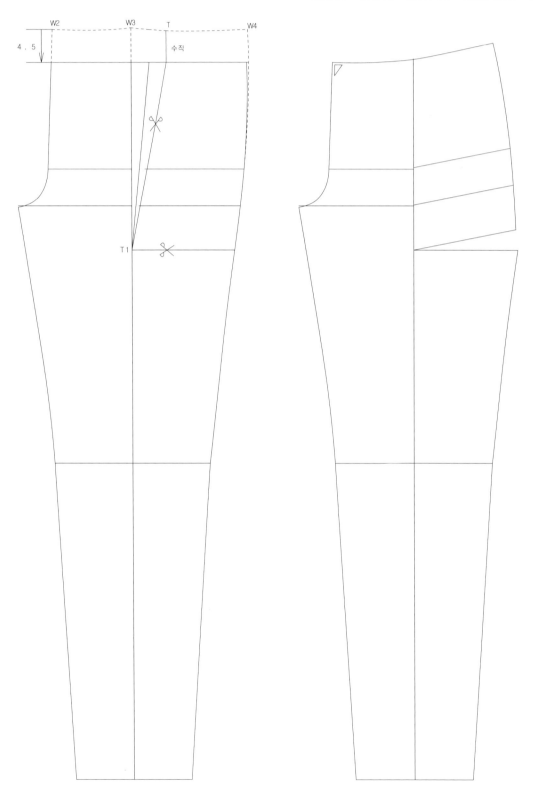

4)   원턱 골반 바지 앞판 완성

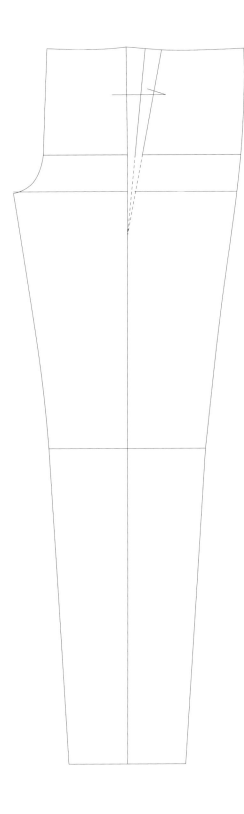

4) 원턱 골반 바지 뒤판
- 허리사이즈는 변동 없음.

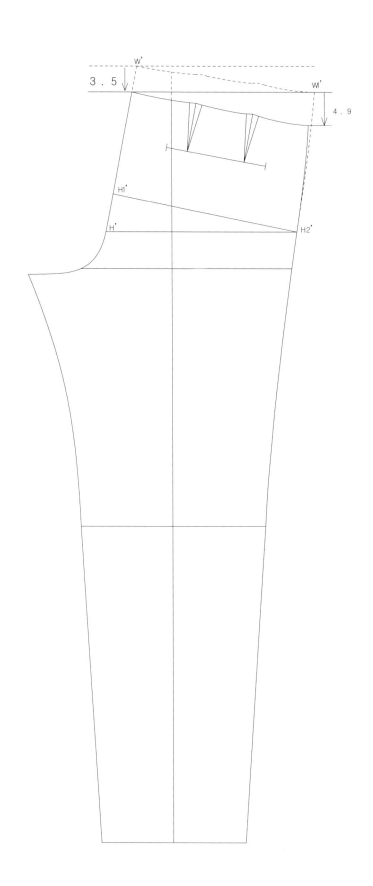

4) 원턱 골반 바지 뒤판 완성

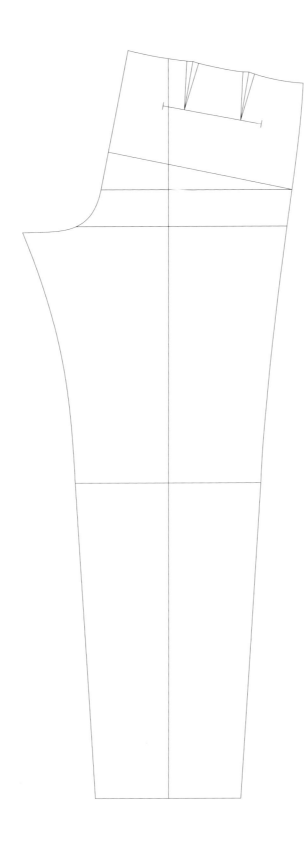

5)　투턱 허리 바지 앞판

(1)　원턱바지를 이용한 투턱 허리바지 앞판

　허리둘레(W)　　8 4 c m

　엉덩이둘레(H)　9 7 c m

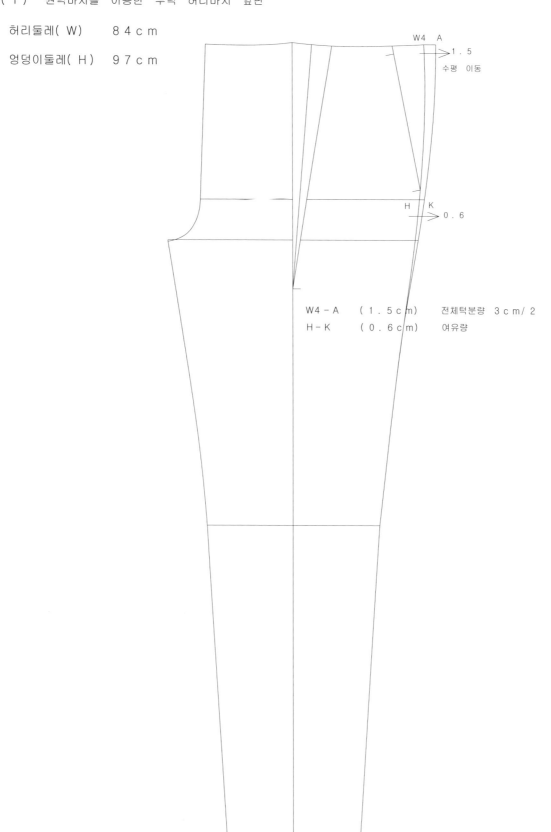

W4 - A　　(1 . 5 c m)　　전체턱분량　3 c m/ 2

H - K　　　(0 . 6 c m)　　여유량

5) 투턱 허리 바지 앞판

(1)   원턱바지를 이용한 투턱 허리바지 앞판

허리둘레(W)   8 4 c m

엉덩이둘레(H)   9 7 c m

T - T 2   (5 c m)   T - P 의 이등분점

A - P   (3 c m)   주머니 시작점

5) 투턱 허리 바지 뒤판

(1) 원턱 바지를 이용한 투턱 허리바지 뒤판

허리둘레(W)   8 4 c m

엉덩이둘레(H)   9 7 c m

W1' - A (1 . 5 c m)   전체턱분량 3 c m / 2

H - K   (0 . 6 c m)   여유량

다트와 주머니 위치 0 . 8 c m이동

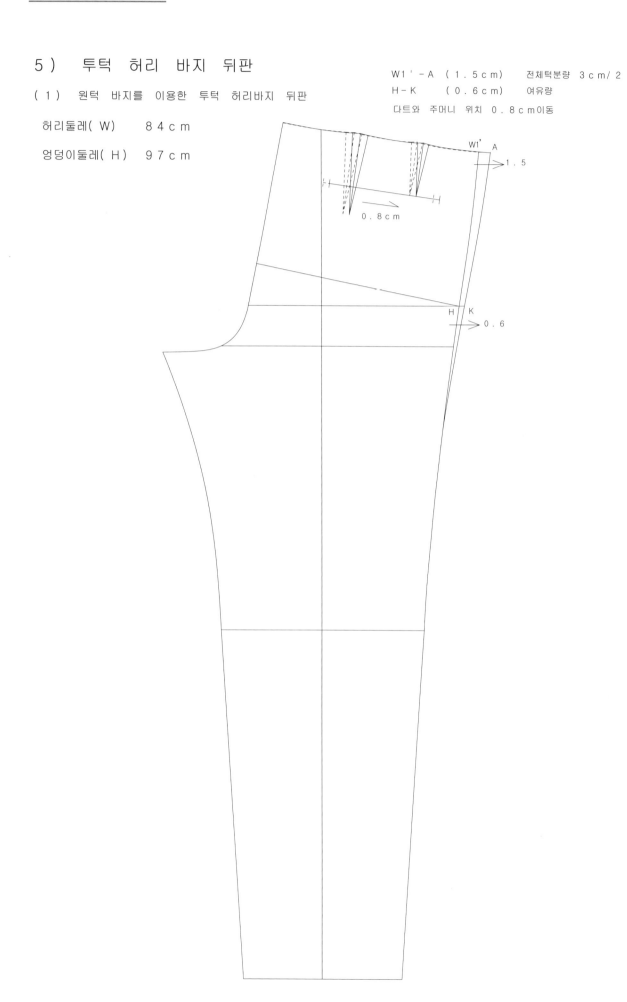

5)   투턱 허리 바지 뒤판

(1)   원턱 바지를 이용한 투턱 허리바지 뒤판

허리둘레(W)   8 4 c m

엉덩이둘레(H)   9 7 c m

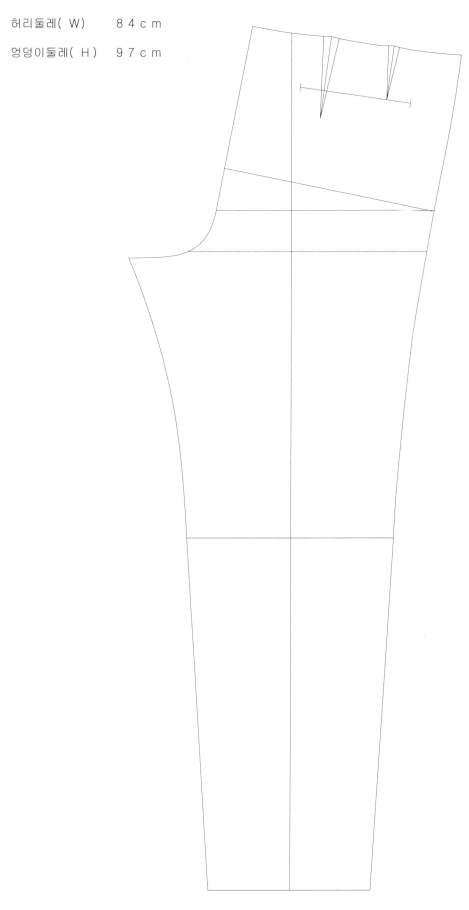

5) 투턱 허리 바지 앞판

턱분량을 접어서 허리선을 자연스럽게 연결한다.

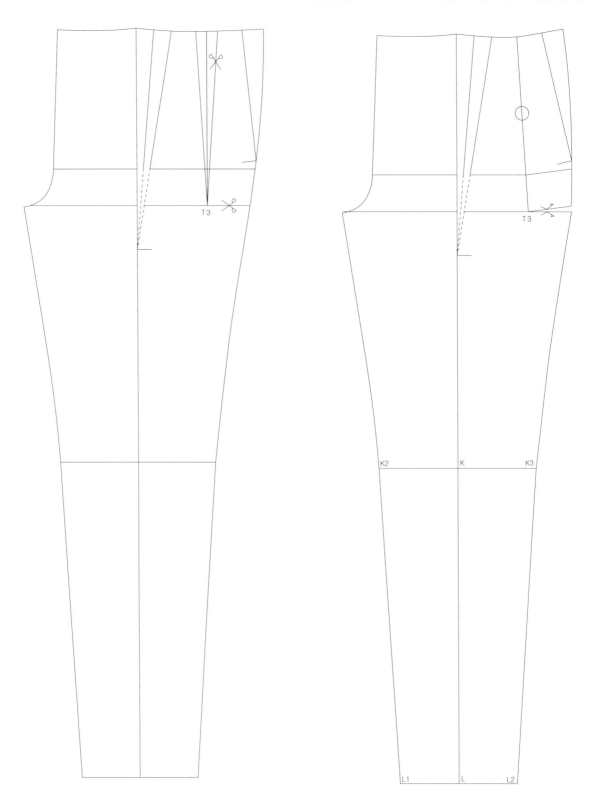

5) 투턱 허리 바지 앞판 완성

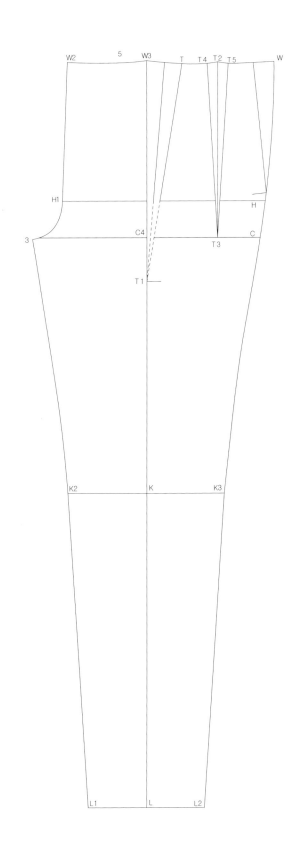

5) 투턱 골반 바지 앞판

- 허리사이즈는 변동 없음.

수직으로내린다.

턱분량 변동 없음 (5 c m - 3 c m)

턱 두개를 접고 허리선을 자연스럽게 그린다.

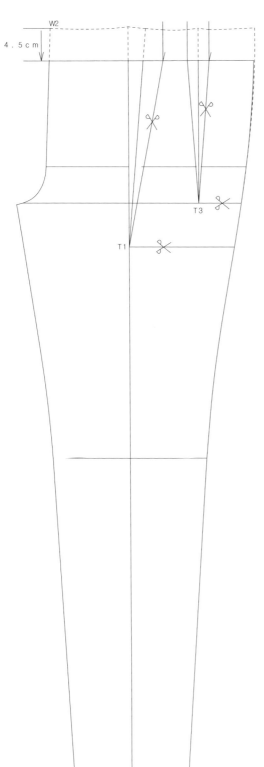

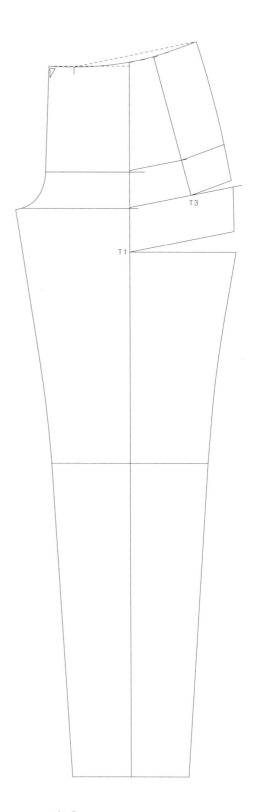

5) 투턱 골반 바지 앞판 완성

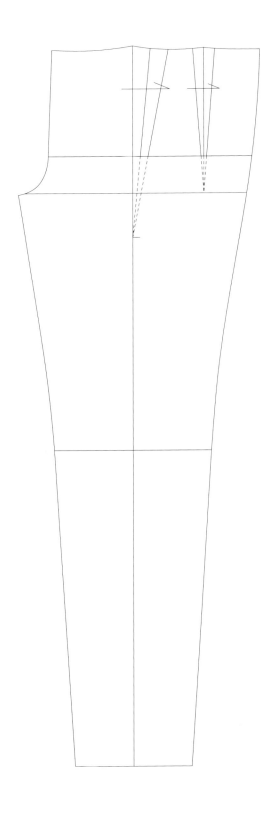

5) 투턱 골반 바지 뒤판

- 허리사이즈는 변동 없음.

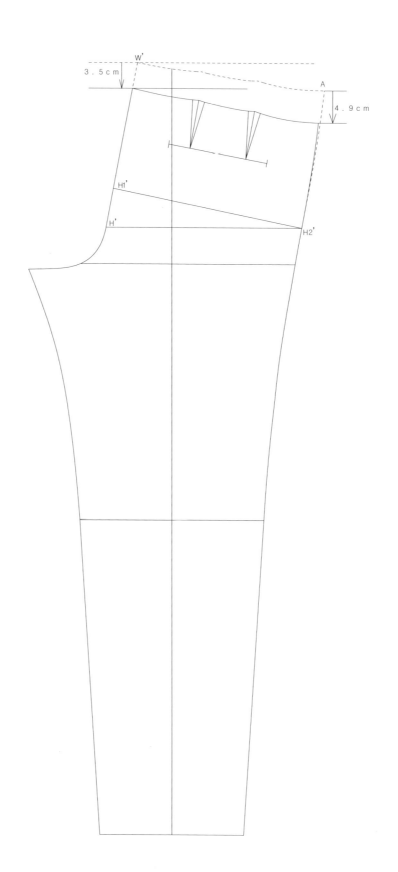

5)　투턱　골반　바지　뒤판　완성

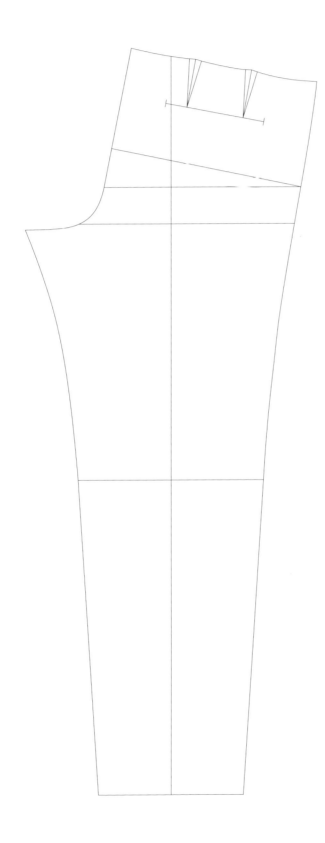

6)   뒤판   다트   변형

(1)   뒤판 다트변형 /   허리바지 (2 . 5 C M 다트)

       - 허리바지뒤판의   다트 2 개를   다트1 개로   변형하는   방법이다.

       - 기존   다트량 3 . 4 c m   -   다트량 2 . 5 c m   =   0 . 9 c m

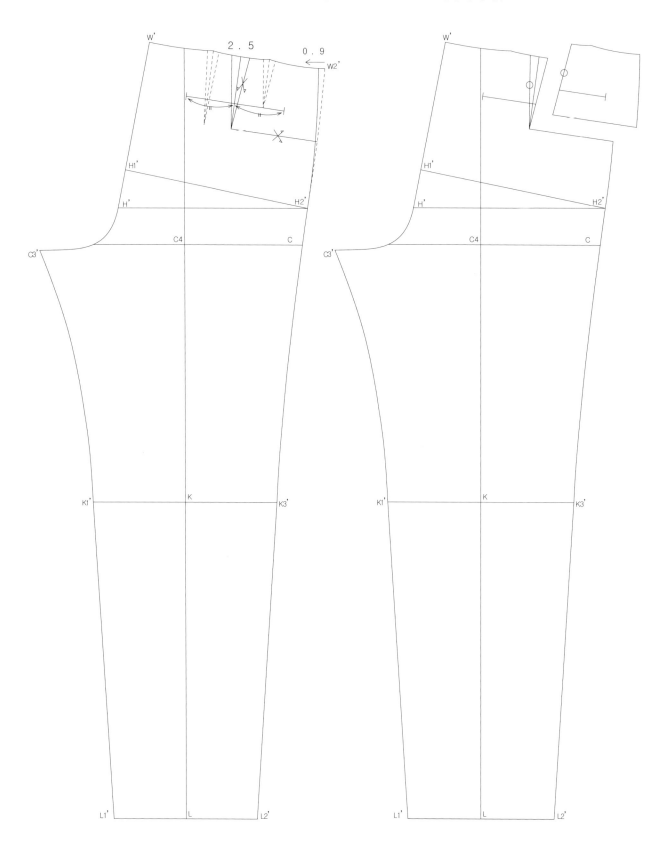

6) 뒤판 다트 변형

(1) 뒤판 다트변형 / 허리바지 (2.5cm다트)

W' 뒷중심 직각을 유지하면서 허리선 연결

7) 바지 실루엣 / 체형

(1) 앞판 기울기

Ver.1 앞중심 방향으로 이동   Ver.2 옆선 방향으로 이동

1 .   앞중심 밑위가 플렛하게 나온다.   주름바지 활용

2 .   앞중심 밑위가 입체적으로 나온다.   데님 바지 활용

7) 바지 실루엣 / 체형

(1) 뒤판 기울기

Ver . 1 앞중심 방향으로 이동   Ver . 2 옆선 방향으로 이동

입체량   입체량

밑위고정   밑위고정

- 적당한 뒷시리 기울기를 찾아 용도에 맞는 아이템을 선택한다.

ver . 1 - 뒷시리가 왼쪽으로 세워질수록 입체량이 적어져 엉덩이가 플렛하게 나온다.

ver . 2 - 뒷시리가 오른쪽으로 누워질수록 입체량이 많아져 엉덩이가 입체가 된다.

7) 바지 실루엣 / 체형

(2) 뒤중심 방향으로   이동

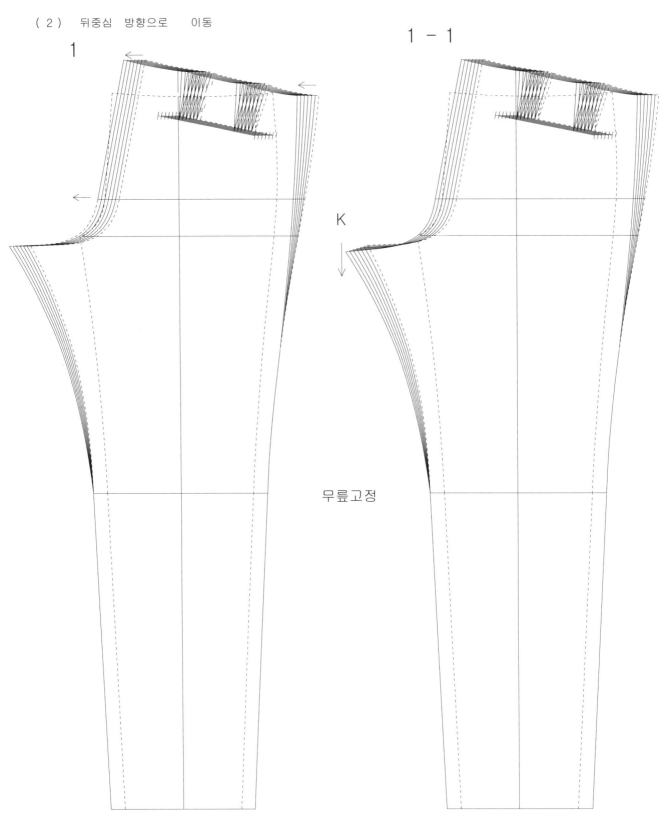

1

1 - 1

K

무릎고정

- 앞판을 고정한 상태로 뒤판이 왼쪽으로 이동될수록 옆선은 직선에 가까워진다.

- 인심길이를 유지하기 위해 밑위높이(k) 는 낮아진다.

- 실루엣과 착용감에 변화를 가져오기 때문에 자유롭게 활용한다.

7) 바지 실루엣 / 체형

(2) 옆선 방향으로 이동

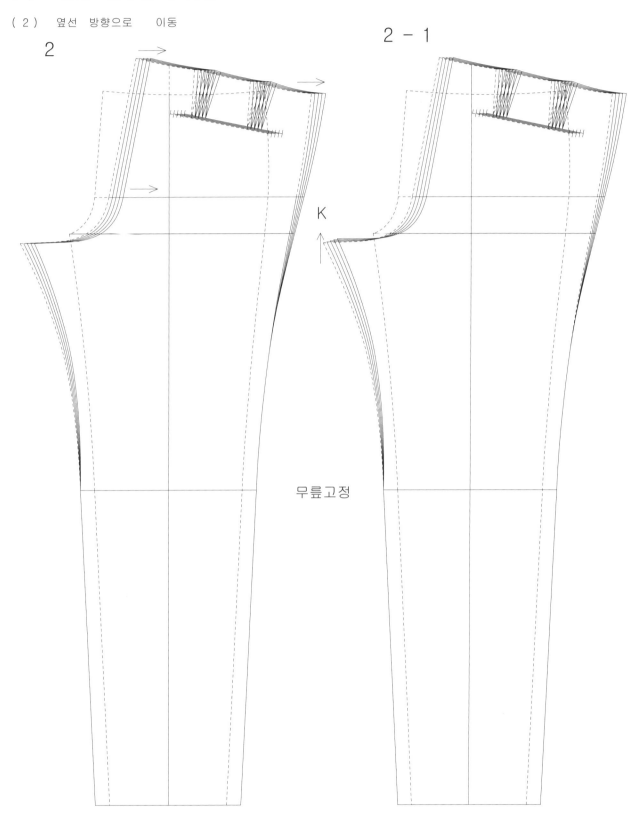

- 앞판을 고정한 상태로 뒤판이 오른쪽으로 이동될수록 옆선은 누워진다.

- 인심를 유지하기 위해 밑위높이(k) 는 높아진다.

8) 허리바지 앞판주머니

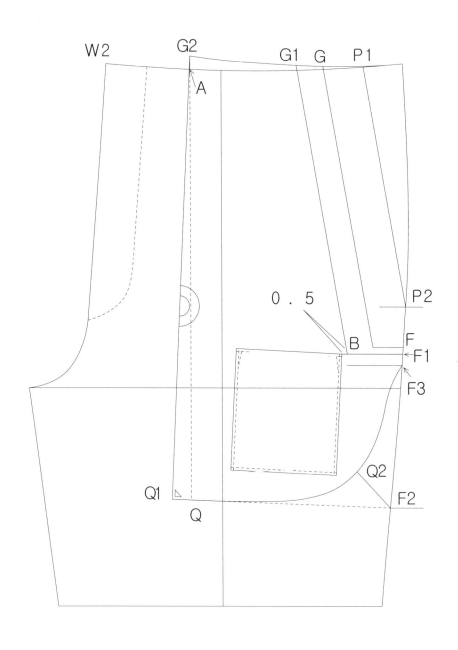

8) 허리 바지 앞판주머니

앞판 주머니

묵가대

P1-G	(3cm)	손등 묵가대 – 주머니 선에서 평행하게 3cm 이동한 선.
P2-F	(3cm)	주머니 끝선에서 수평하게 3cm 내린지점.
P1-G1	(5cm)	손바닥 묵가대 –주머니 선에서 평행하게 5cm 이동한 선
P2-F1	(3.5cm)	주머니 끝선에서 수평하게 3.5cm 내린지점

주머니

W2-A	(6.5cm)	앞중심 선에서 6.5cm 들인 지점.
A-G2	(1cm)	A 지점에서 수직으로 1cm 올린지점. 주머니 여유량을 만들어준다. (Q생성)
		G2-P1 자연스럽게 연결한다.
P2-F2	(15cm)	주머니 길이. 주머니 끝선에서 15cm 내린지점.(Q1생성)
Q-Q1	(1.5cm)	1.5cm 연장
P2-F3	(5cm)	주머니 곡이 시작되는 위치.
F2-Q2	(5.5cm)	보조선
		Q1을 직각으로 놓고 Q2-F3을 자연스럽게 연결한다.

– 동전주머니 G1-F1의 교차점(B)에서 0.5cm 떨어져서 가로 8cm 세로 9cm 크기로 제작한다.

– 동전주머니 입구는 손이 들어가는 쪽으로 조금 틀어준다.

8) 원턱바지 앞판주머니

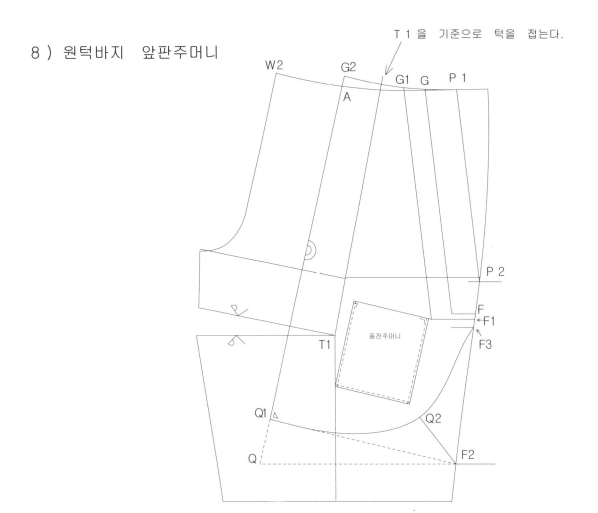

앞판주머니 시접

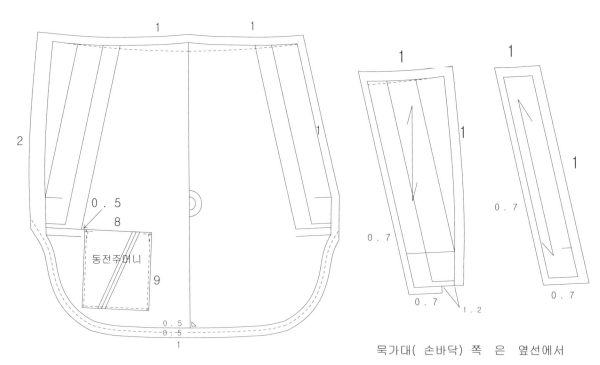

묵가대(손바닥) 쪽 은 옆선에서
1 . 2 c m들인 후 부터 시접을 준다.

9) 원턱 바지 앞판주머니

앞판 주머니

묵가대

P1-G	(3cm)	손등 묵가대 – 주머니 선에서 평행하게 3cm 이동한 선.
P2-F	(3cm)	주머니 끝선에서 수평하게 3cm 내린지점.
P1-G1	(5cm)	손바닥 묵가대 –주머니 선에서 평행하게 5cm 이동한 선
P2-F1	(3.5cm)	주머니 끝선에서 수평하게 3.5cm 내린지점

주머니

W2-A	(6.5cm)	앞중심 선에서 6.5cm 들인 지점.
A-G2	(1cm)	A 지점에서 수직으로 1cm 올린지점. 주머니 여유량을 만들어준다.
		G2-P1 자연스럽게 연결한다.
P2-F2	(17cm)	주머니 길이. 주머니 끝선에서 17cm 내린지점. (Q생성)
		Q1을 직각으로 놓고 F2와 직선으로 연결한다.
P2-F3	(5cm)	주머니 곡이 시작되는 위치.
F2-Q2	(5cm)	Q1을 직각으로 놓고 F3을 자연스럽게 연결한다. (5cm~6cm)

9)   뒤판 허리바지 주머니

(1)   뒤판주머니 /   허리바지

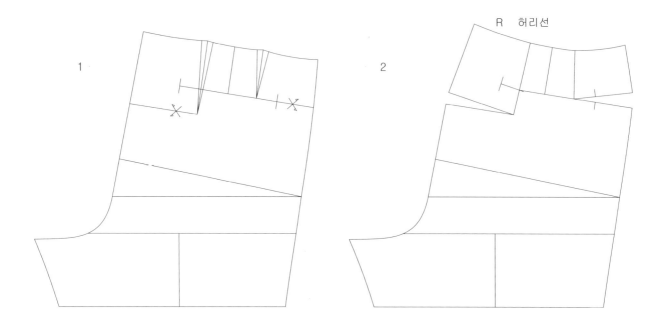

1.   다트 끝에서 직각을 이루도록 절개선을 준다.

2.   절개선을 잘라 다트를 접어준다.

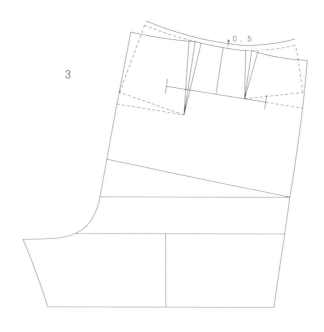

3.   허리선 아래서 0 . 5 c m 위로 올려준다.
     뒷중심과 옆선 다트는 다시 접어 준다.

9) 뒤판 허리바지 주머니

(1) 뒤판주머니 / 허리바지

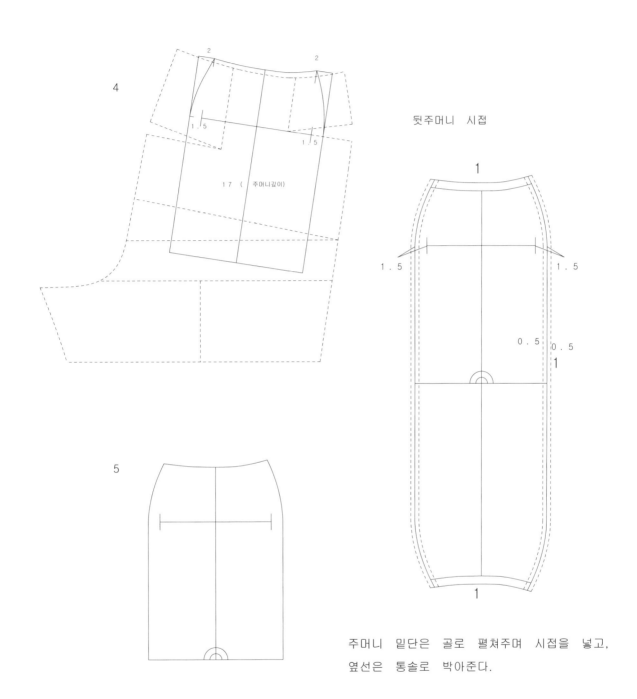

뒷주머니 시접

주머니 밑단은 골로 펼쳐주며 시접을 넣고,
옆선은 통솔로 박아준다.

1 0)   앞판 마이다데/   뎅고

1) 마이다데

2) 뎅고

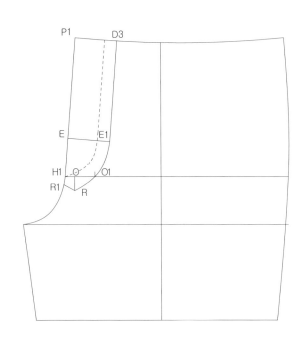

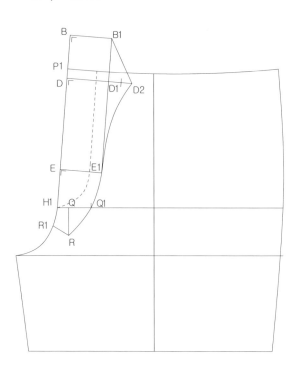

마이다데   뎅고   뎅고우라

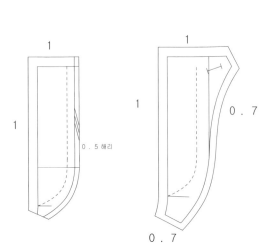

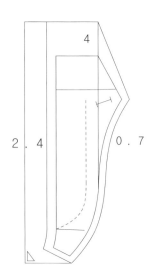

마이다데

P1-D3	(4.5cm)	앞중심선에서 평행으로 4.5cm 나간 지점
H1-E	(4cm)	H1에서 앞중심선 선상으로 4cm 올라간 지점
E-E1	(4.5cm)	앞중심선에서 직각으로 직선길이 4.5cm 나간 지점
H1-O	(1cm)	힙선 선상에서 1cm 지점
H1-O1	(3cm)	힙선 선상에서 3cm 지점
O-R	(1.5cm)	힙선에서 수직으로 1.5cm 내린 지점
H1-R1	(1cm)	앞고마데 선상에서 1cm 내린 지점 (R1-R 직선연결)
E1-O1-R		자연스런 곡선으로 연결

뎅고

P1-B	(3.5cm)	벨트분량
		앞중심선의 각도 변경없이 3.5cm 연장
B-B1	(4.5cm)	앞중심선에서 평행으로 4.5cm 이동
P1-D	(1cm)	허리선에서 1cm 내림
D-D2	(7cm)	앞중심 평행선과 교차하는 지점
D2-D1	(1.2cm)	단추시작 위치
H1-E	(4cm)	H1에서 앞중심선 선상으로 4cm 올라간 지점
E-E1	(4.5cm)	앞중심선에서 직각으로 직선길이 4.5cm 나간 지점
H1-Q	(1cm)	힙선 선상에서 1cm 지점
H1-O1	(3.5cm)	힙선 선상에서 3.5cm 지점
O-R	(2.5cm)	힙선에서 수직으로 2.5cm 지점
H1-R1	(2cm)	앞고마데 선상에서 2cm 내린 지점 (R1-R 직선연결)
E1-Q1-R		자연스런 곡선으로 연결

11) 앞판 바지우라

세로 여유 0.5∼0.6

가로 여유 0.2∼0.4

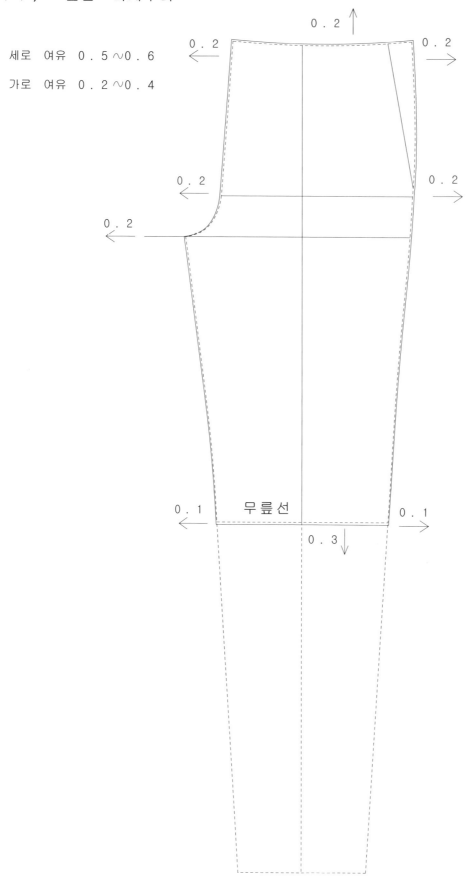

1 2)　바지　시접

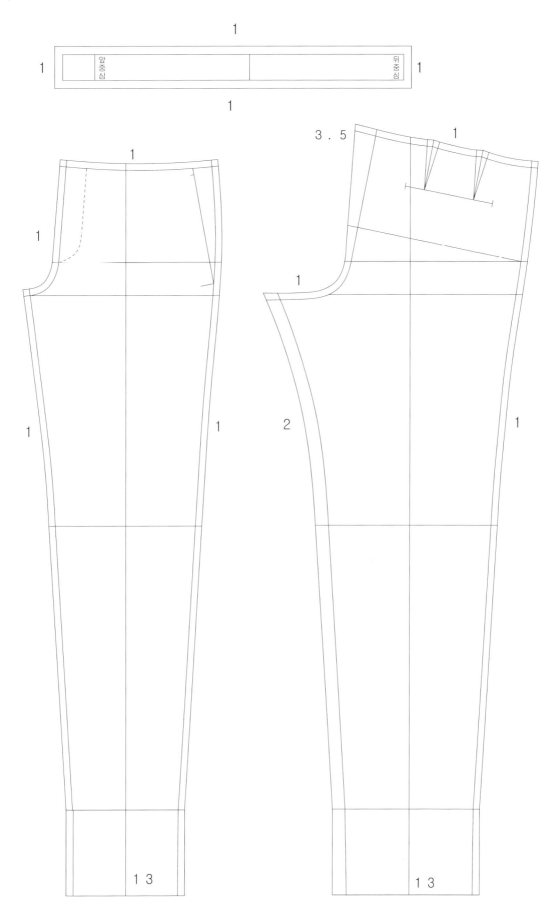

13) 그레이딩

편차

허리   5 c m

힙   5 c m

허벅지   3 c m

앞밑위길이   0 . 6 c m

뒤밑위길이   1 c m

바지부리   1 c m

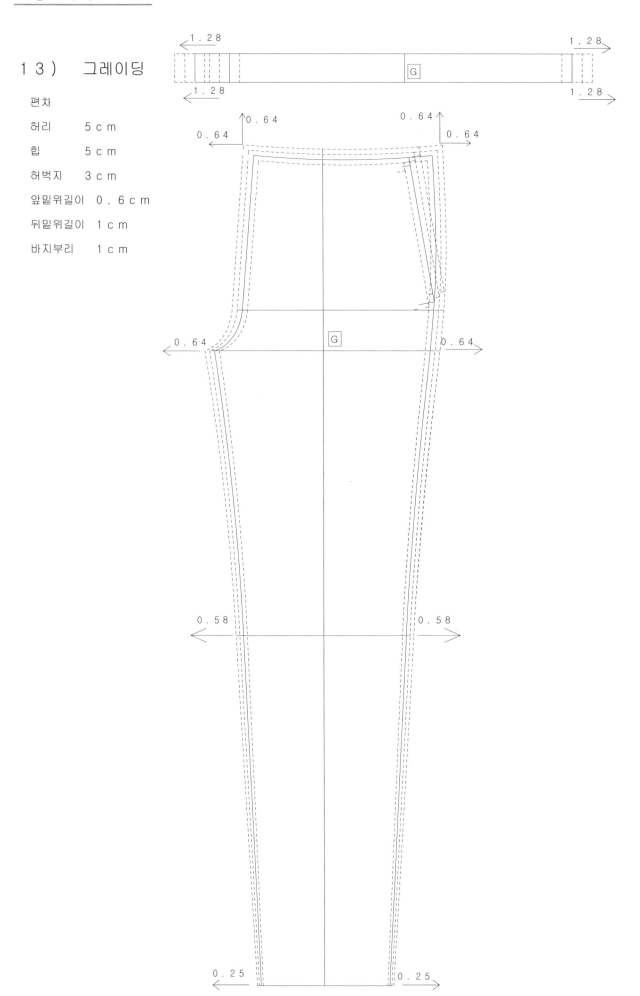

13) 그레이딩

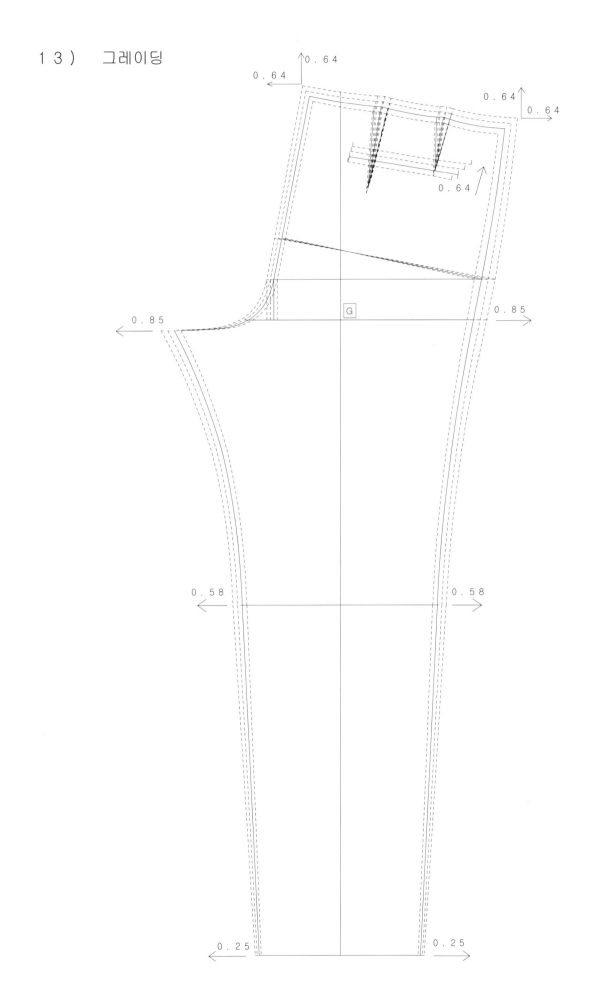

1) 기본데님 바지

(1) 기본데님 바지 앞판

허리둘레(W)　　84cm

엉덩이둘레(H)　　97cm

무릎둘레(k)　　43cm

바지부리(L)　　38cm

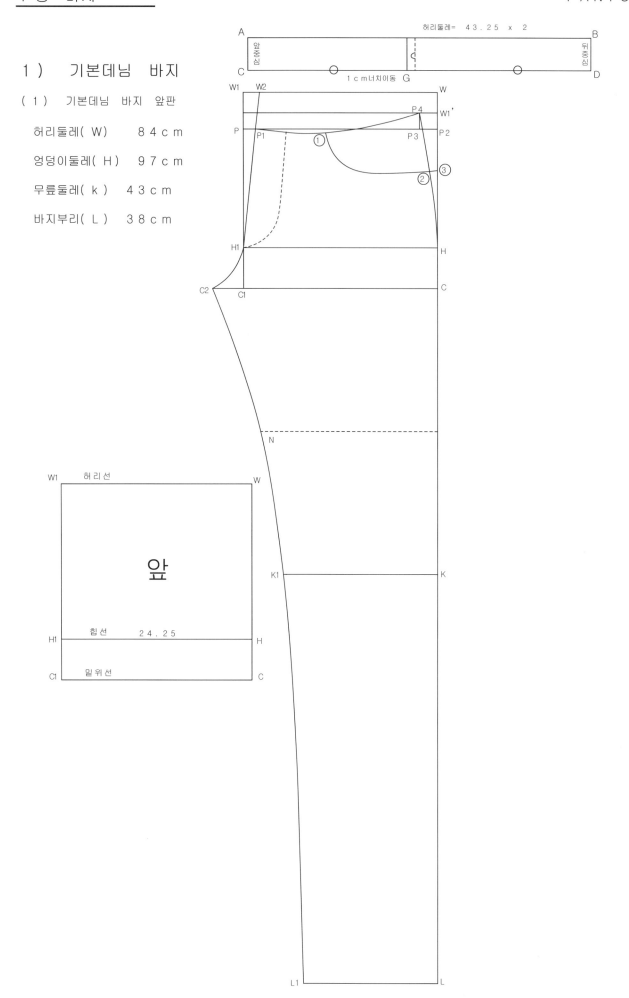

1) 기본 데님 바지
(1) 기본 데님 바지 앞판

허리둘레(W)   84cm

엉덩이둘레(H)   97cm

벨트 제작

A-B	(43.25cm)	허리 벨트길이 (86.5cm) /2
		허리 84+2.5cm (내외경차) = 86.5cm
A-C	(4cm)	벨트두께 B-D 치수 동일
C-G	(20.6cm)	앞 허리 (43.25cm/2) -1cm
G-D	(22.6cm)	뒤 허리 (43.25cm/2) + 1cm

-데님바지는 몸판허리 이세를 주지않는다(워싱을 하기때문에)

앞판

W - C	(24cm)	밑위길이
C- C1	(24.2cm)	H/4
		C1에서 수직으로 올려 W의 수평연장선과 연결하여 사각형 형성 (W1생성)
C-H	(5cm)	힙선, C-C1선에서 평행으로 5cm 올림 (H1 생성)
W1-W2	(2cm)	W1에서 2cm 이동한 지점과 H1연결
		앞판의 기울기를 결정하는 선이며 앞중심선이 된다.
C1-C2	(4cm)	앞살의 너비 (C2-H1 자연스러운 곡선을 만들어준다.)
C-K	(35cm)	무릎선 35cm
C-L	(85cm)	기장 85cm
L-L1	(17cm)	바지부리(38cm/2 - 2cm)
K-K1	(19.5cm)	무릎선(43cm/2 - 2cm)
C2-K1-L1		자연스런 곡선
C2-K1		C-K 이등분선상에서 너치 생성
W1-P	(4.5cm)	허리앞중심선을 내린다. (W2-H1선과 교차점에서 P1 생성)
P2-P3	(2.25cm)	허리선을 그리기 위한 보조선
P3-P4	(2cm)	허리끝점(W1',P4생성)
P1-P4		P1앞중심 직각을 이루면서 P4로 자연스럽게 연결
P4-H		자연스럽게 옆선을 연결한다

앞판주머니

P3-①	(12cm)	옆선에서 곡선을 따라 12cm 들어온 지점.
P4-②	(6.5cm)	옆선에서 곡선을 따라 6.5cm 내려온 지점.
①-②		자연스런 곡선을 이용하여 주머니를 만들어준다.
②-③	(1cm)	1cm 차이가 나면서 주머니 여유량이다.

1) 기본데님 바지

(2) 기본데님 바지 뒤판

허리둘레(W) 8 4 c m

엉덩이둘레(H) 9 7 c m

무릎둘레(k) 4 3 c m

바지부리(L) 3 8 c m

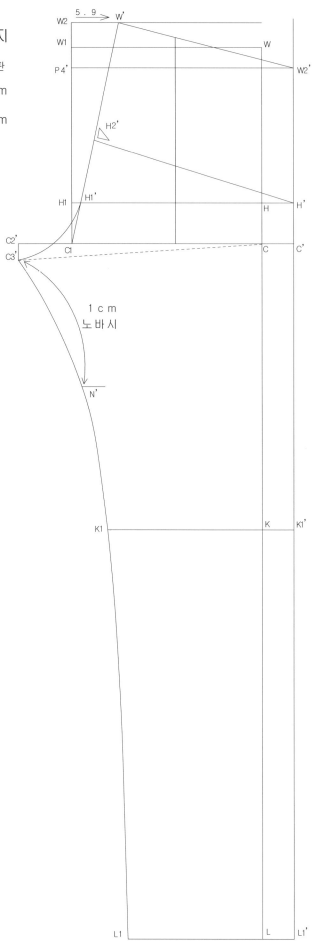

1) 기본 데님 바지
(2) 기본 데님 바지 뒤판

허리둘레(W)　　　　　84cm

엉덩이둘레(H)　　　　97cm

뒤판

K-K1'	(4cm)	4cm이동 뒤무릎선.(43cm/2 +2) W1'-L1생성
L-L1'	(4cm)	부리 21cm (38cm /2 +2cm)
W1-W2	(3cm)	뒷밑위높이
W2-W'	(5.9cm)	H1'와 연결한다
H1-H1'	(1.1cm)	
W'-H2'-H1'-C1		직선연결한다
H2'-H'	(26.4cm)	H/4 + 여유량 2.1cm 가 생긴다
		H2' 직각인선과 H'의 수평선과 일치한다
C1-C2'	(8cm)	뒷샅의 길이 ex)8+1.1=9.1 실제 샅길이
C2'-C3'	(2cm)	뒷샅의 곡선을 그리기 위한 보조선 C3'-C 직선연결
C3'-H1'		자연스런 곡선.
N'		앞판 K1-N 동일치수
N'-C3'		1cm 늘려서 봉제
		늘림(노바시)가 들어가는 위치는 바이어스의 영향을 받는 곳이다.
		원단과 스타일에 따라 다른 양의 노바시가 들어가게 된다.
W'-W2'		W'와 앞판 허리선 W2 수평선과 뒤 와끼선 교차점으로 연결한다.

　　- 와끼선이 결선이 될수 있다. (캐주얼 데님) 클래식 바지와는 달리 캐주얼 바지에서는 와끼 기준으로 패턴을 제작할 수 있고, 레직기 선(바지 주름선) 은 잡지 않기 때문에 결선으로 하거나 또 다른 선을 결선으로 정할 수 있다.

　　- 축률패턴으로 진행할 경우 먼저 기본 축률을 더해준 다음 허리 벨트길이에 맞춰서 몸판 허리둘레 이세를 삭제하여 똑같이 맞춘다. (기본적으로 허리 벨트원단 결과 몸판의 결이 다르기 때문이다.)

　- 원단의 축률에 따라 사이즈의 많은 변수가 있기 때문에 다양한 경험이 필요하다.

2) 데닝바지 뒤판 요크

(1) 뒤판 요크생성

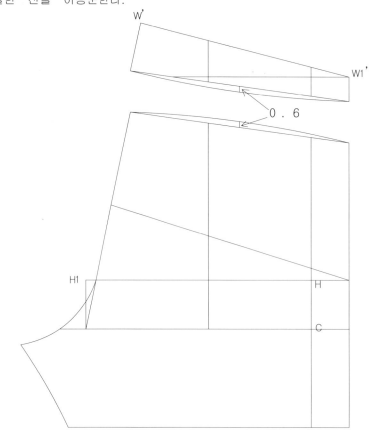

- 뒷중심에서 5 c m , 옆선에서 2 . 5 c m 내린 지점을 직선으로 연결한다.
연결한 선을 이등분한다.

- 요크를 분리한 뒤 이등분 지점에서 0 . 6 c m 씩 연장하여 입체를   만들어준다.

2) 데님바지 뒤판 요크

(1) 뒤판 요크생성

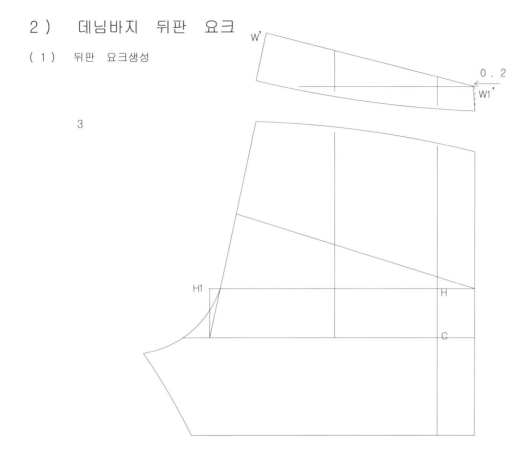

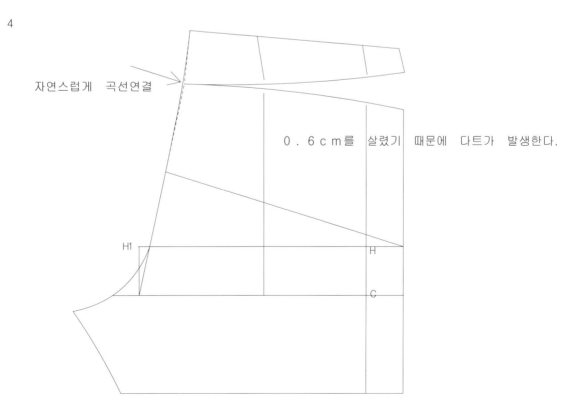

자연스럽게 곡선연결

0 . 6 c m를 살렸기 때문에 다트가 발생한다.

- 요크를 뒷중심에 고정하여 맞춘 후 각이 지는 부분을 자연스런
곡선으로 연결해준다.

3) 데님바지 앞판주머니

(1) 기본데님 앞판주머니

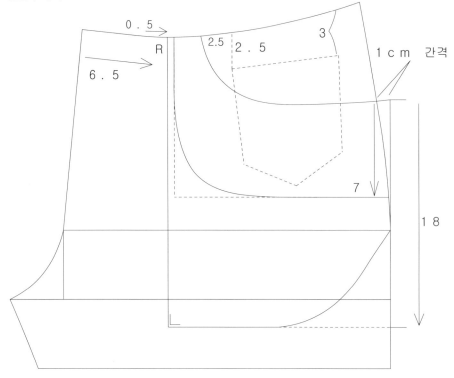

1. 주머니 속 T / C

    R 앞중심에서 6 . 5 c m 들인 점에서 수직으로 내린선과 주머니선에서
    1 8 c m 내린 지점의 수평선과 만난다.
    주머니 곡이 심하지 않게 만들어준다.

2. 묵가대

    주머니속 R에서 0 . 5 c m 들인 선과 주머니 선상에서 7 c m 내린   선과 만난다.

    자연스런 곡선으로 연결해 준다.

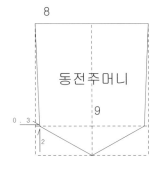

3. 동전주머니

    주머니 폭 8 c m , 깊이 9 c m . 밑에서 2 c m 올라가며

    옆선에서 0 . 3 c m 들여 주머니 각을 만들어 준다.

-   동전주머니 위치는 허리선에서 2 . 5 c m 내린

    지점에서 시작되며, 결선은 바지 결선과

    동일하게 간다.

3)   데님바지 앞판주머니

(2)   앞판주머니 시접 / 결선

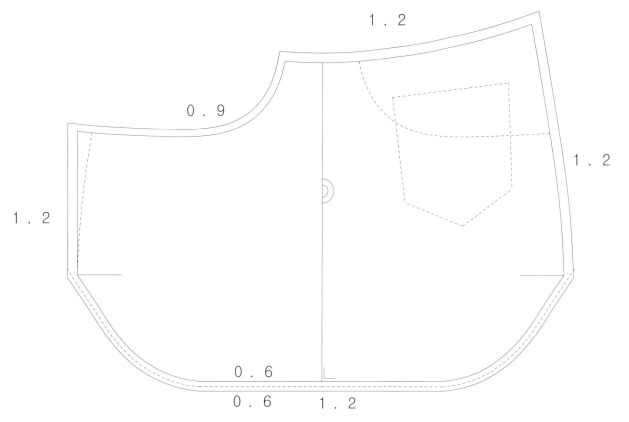

주머니 아래는 통솔로 박아준다.

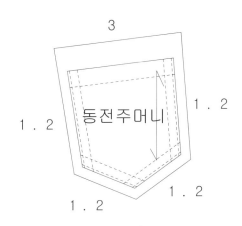

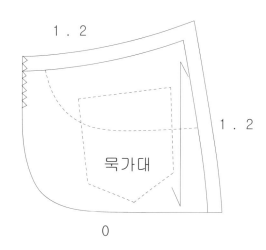

묵가대 시접

묵가대 시접은 몸판과 동일하게 1 . 2 c m이며
안쪽은 오버록으로 처리한다.

4) 데님바지 뒤판주머니

(1) 뒤판주머니 위치 / 시접

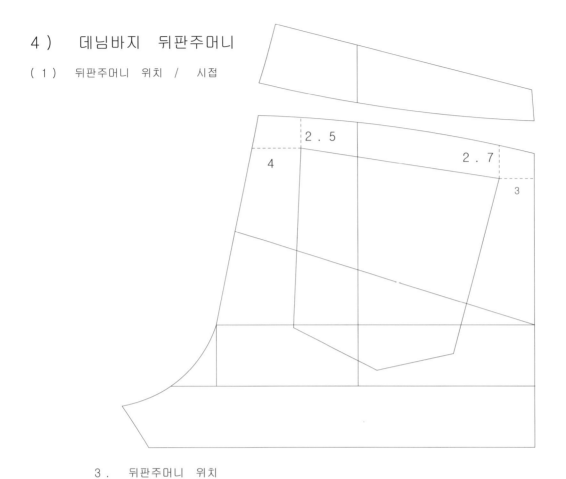

3 . 뒤판주머니 위치

　　뒷중심에서 4 c m 들어가며 요크선에서 2 . 5 c m 내린점과

　　옆선에서 3 c m 들인선과 요크선에서 2 . 7 c m 내린선을

　　직선연결한 위치가 뒤판 주머니 위치이다.

　　주머니 결선은 바지 결선과 동일하게 간다.

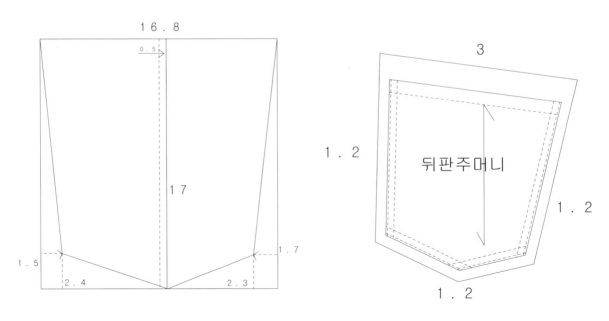

좌우 대칭 보다는 약간 틀어지게 디자인한다.

5) 데님바지 마이다데 /   뎅고

(1) 앞판 지퍼 -   마이다데 / 뎅고

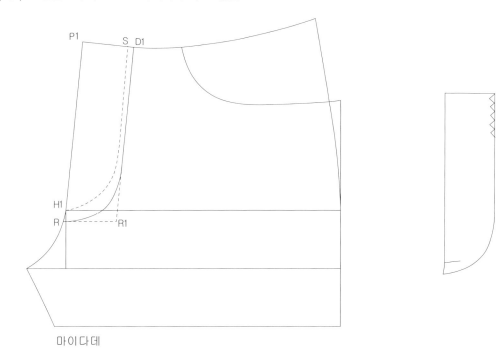

마이다데

앞중심과 평행하게 4 . 5 c m 들여 선을 긋는다. 앞 고마데선상에서 1 c m 내린

지점에서 힙선과 평행하게 선을 그어 4 . 5 c m 들인 선과 만난다.

자연스런 곡선을 이용하여 마이다데를 만들어준다.

뎅고

앞중심과 평행하게 4 . 5 c m 들여 선을 긋는다. 앞 고마데선상에서 1 . 5 c m

내린 지점에서 4 . 5 c m 들인 선과 직선으로 만난다.

5) 데님바지 마이다데 / 뎅고

(2) 앞판 버튼 – 마이다데 / 뎅고

- 마이다데

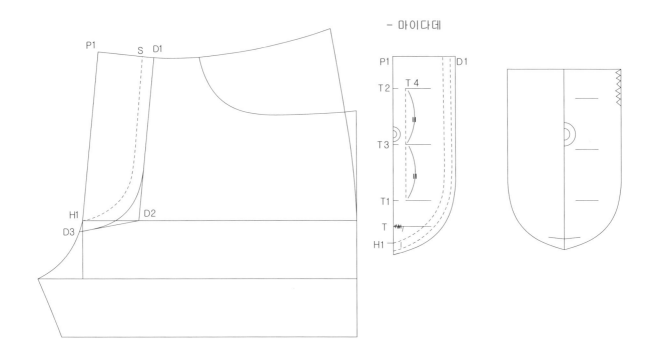

- 뎅고

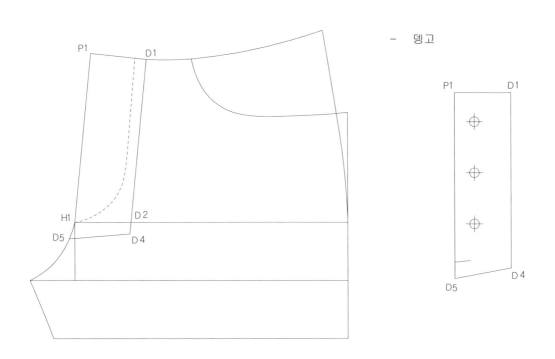

마이다데(버튼플라이)

P1-D1	(5cm)	앞중심선에서 평행으로 5cm 이동 H1-D2동일치수
H1-D3	(1cm)	지퍼끝에서 1cm 내린지점.
		D3-D2 직선 연결 (마이다데를 만들기 위한 보조)
		자연스런 곡선을 이용하여 마이다데를 만들어준다.
P1-T2	(2.5cm)	첫번째 단추 지점.
H1-T	(1.3cm)	바텍위치
T-T1	(2cm)	마지막 단추지점.
T3		T2-T1 이등분 지점. 단추 3개
T2-T4	(0.7cm)	단추구멍

뎅고

P1-D1	(5cm)	앞중심선에서 평행으로 5cm 이동. (힙선과 접하는 D4 생성)
H1-D5	(1.5cm)	지퍼끝에서 1.5cm 내린지점.
		단추위치는 마이다데와 동일.
D2-D4	(0.5cm)	D5-D4연결

6) 데님 시접

(1) 앞판시접

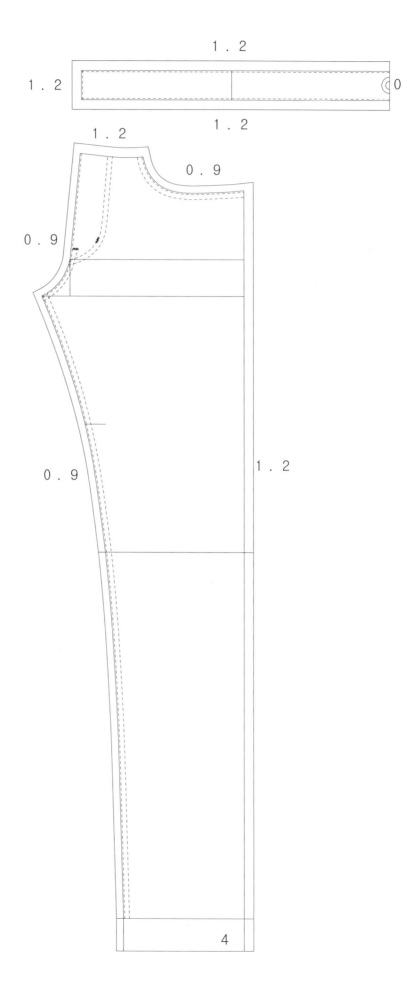

6) 데님 시접

(2) 뒤판시접

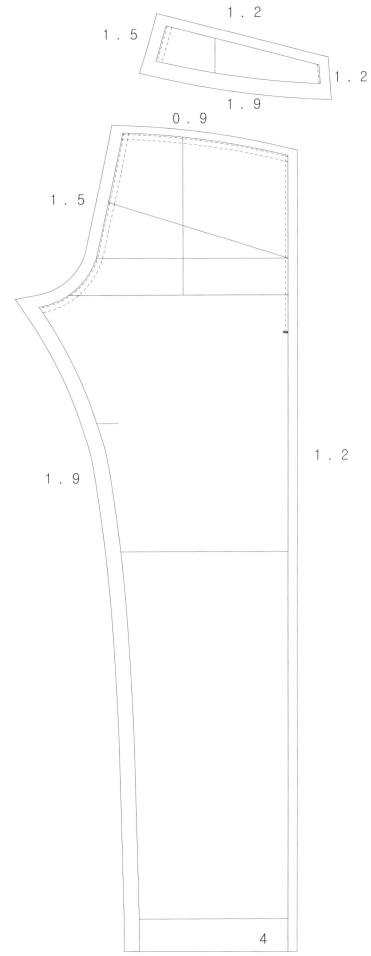

7) 데님 축률패턴

(1) 앞판축률

기본 축률

허리 2.5cm(3cm)

힙 2.5cm

밑단 0.7cm

기장 4cm

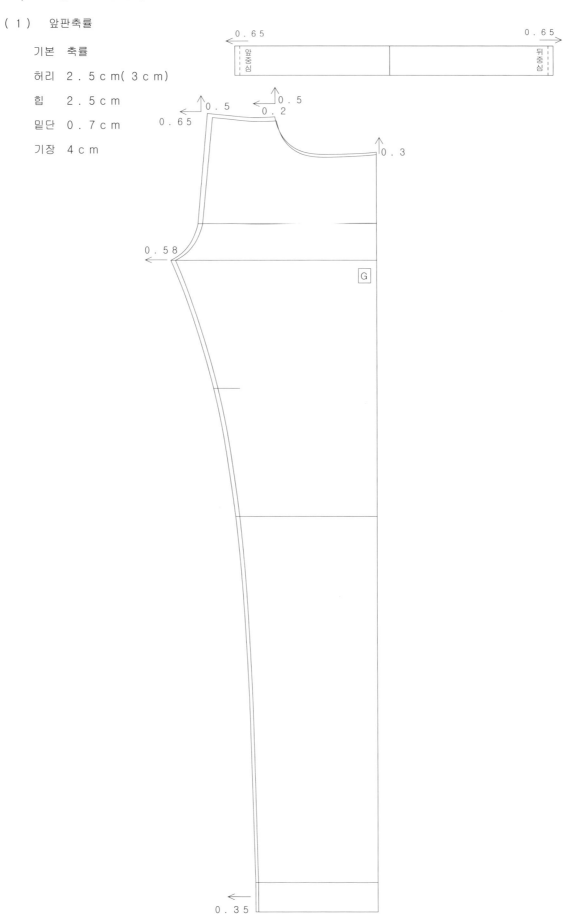

7) 데님 축률패턴

(2) 뒤판축률

  - 원단에 따라 축률이 많이 다르다.

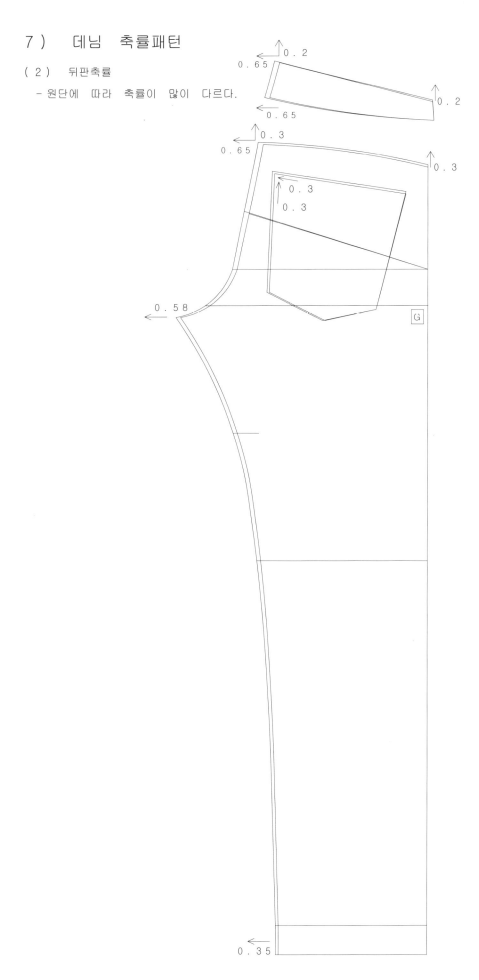

7) 데님 축률패턴 응용

(3) 와끼 이동에 따른 실루엣 변화

 – 축률패턴으로 바로 디자인, 실루엣을 전개한다.

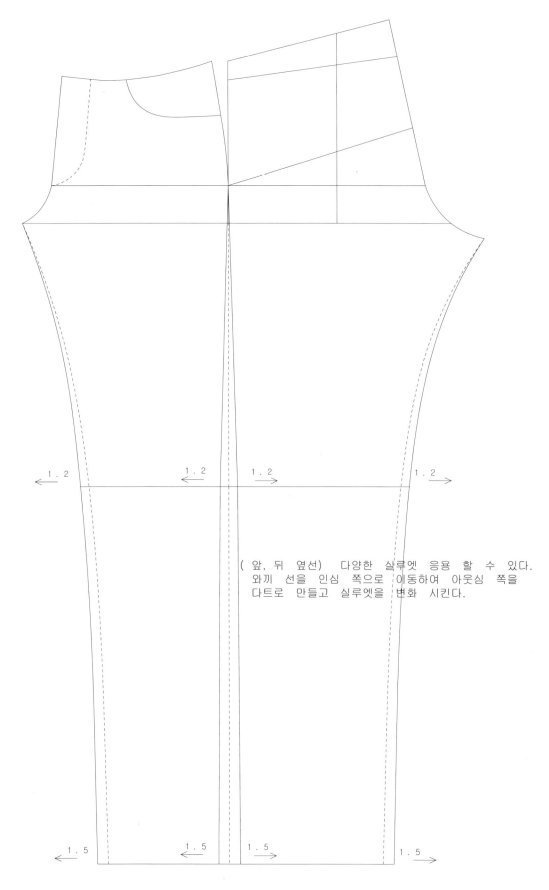

(앞, 뒤 옆선) 다양한 실루엣 응용 할 수 있다.
와끼 선을 인심 쪽으로 이동하여 아웃심 쪽을
다트로 만들고 실루엣을 변화 시킨다.

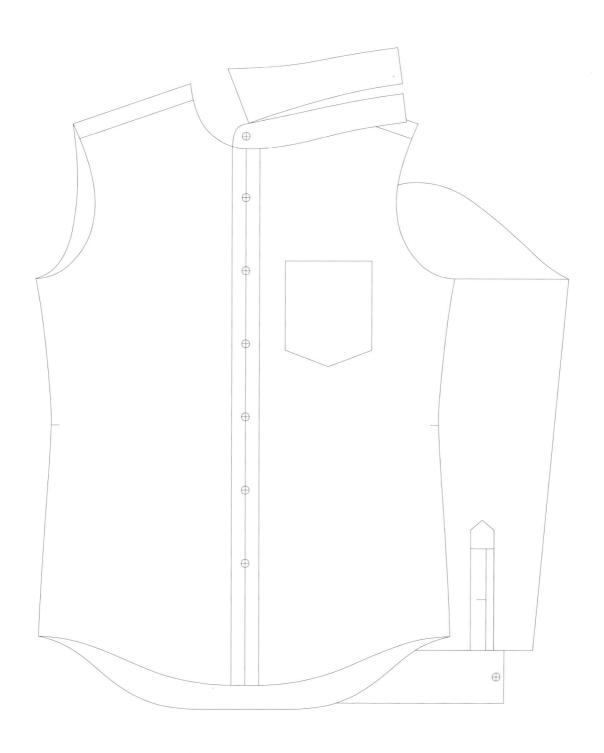

1) 캐주얼셔츠

(1) 캐주얼셔츠 뒤판제도

신장   178cm

가슴둘레(B)   92cm

허리둘레(W)   80cm

엉덩이둘레(H)   93cm

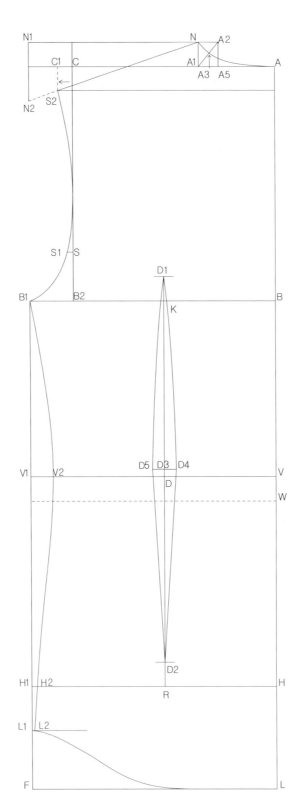

1) 캐주얼 셔츠
(1) 캐주얼 셔츠 뒤판제도

신장	178cm
가슴둘레(B)	92cm
허리둘레(W)	80cm
엉덩이둘레(H)	93cm

뒤판

A-B	(24cm)	진동깊이
A-W	(44.5cm)	등에서 실제허리위치이며, 등길이위치이기도 하다.
W-V	(2.5cm)	실제허리에서 2.5cm 올라간 지점으로 옆허리선위치, 뒷목에서 42cm 지점
W-H	(19cm)	실제허리에서 19cm 내려간 지점
A-L	(74cm)	뒷중심선, 캐주얼 셔츠 기장 74cm
B-B1	(26cm)	B/4 + 여유분 3cm (V1, H1, F 생성) 슬림셔츠 + 2.5cm
V1-V2	(2.5cm)	슬림핏 2.5cm, 노멀핏 2cm
H1-H2	(0.6cm)	힙선에서 안쪽으로 0.6cm 이동한 지점
		옆선을 그릴 때는 V2-H2 라인은 곡이 심하지 않아야 한다.
F-L1	(6cm)	옆선밑단 지점
L1-L2		뒤판 옆선이 H2를 지나서 밑단선까지 자연스럽게 연장된 지점 (L2 생성)
B-B2	(21.3cm)	등품, A지점 수평선과 교차점 (C 생성)
B2-S	(5cm)	가슴선에서 등품선을 따라 5cm 올라간 지점
S-S1	(0.6cm)	암홀선을 그리기 위한 위치보조선
A-A1	(8cm)	뒷목너비
A1-N	(2.5cm)	뒤옆목높이, 뒤판 옆목점 생성
N-A2	(2.5cm)	뒤목라인을 그리기 위한 보조선 (A1-A5동일치수)
A3		A1-A2 직선연결 1/2지점에서 0.2cm올림 (N-A3-A 뒷목선그리기)
N-N1	(18cm)	어깨 각도를 맞추기 위한 보조선
N1-N2	(6cm)	뒤판 어깨 각도 6cm (N-N2 어깨 보조선연결)
C-C1	(1.5cm)	(1.5cm)어깨끝점
N-S2		(cm)뒤어깨선길이
S2-S1-B1		암홀라인, 자연스런 곡선으로 그린다.

다트

D		등다트위치, 허리선 V2-V의 1/2 지점,D3-K-D1-D2-R생성
D-K		상동선과 D에서 수직으로 올린지점
K-D1	(2.5cm)	상동선에서 2.5cm 올린지점
D-R		힙선과 D에서 수직으로 내린지점
R-D2	(2.5cm)	힙선에서 2.5cm 올린지점
D3		D1-D2 다트선의 1/2지점
D3-D4	(1cm)	다트량.
D3-D5	(1cm)	다트량.

1) 캐주얼셔츠

(2) 캐주얼셔츠 앞판제도

신장　　　　178cm

가슴둘레(B)　　92cm

허리둘레(W)　　80cm

엉덩이둘레(H)　93cm

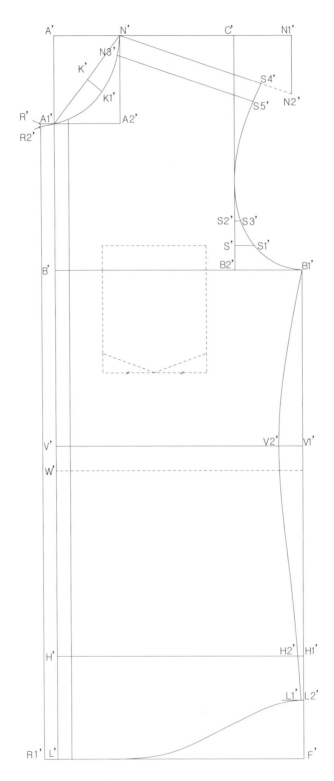

1) 캐주얼 셔츠
(2) 캐주얼 셔츠 앞판 제도

신장	178cm
가슴둘레(B)	92cm
허리둘레(W)	80cm
엉덩이둘레(H)	93cm

앞판

A'-B'　　　(24cm)　　　진동깊이

A'-W'　　　(44.5cm)　　등에서 실제허리위치이며, 등길이위치이기도 하다.

W'-V'　　　(2.5cm)　　실제허리에서 2.5cm 올라간 지점으로 옆허리선위치

W'-H'　　　(19cm)　　실제허리에서 19cm 내려간 지점

A'-L'　　　(74cm)　　앞중심선, 캐주얼셔츠 앞판기장 74cm

B'-B1'　　　(26cm)　　B/4 + 여유분 3cm (V1', H1', F' 생성)

V1'-V2'　　(2.5cm)　　슬림핏 2.5cm, 노멀핏 2cm

H1'-H2'　　(0.6cm)　　힙선에서 안쪽으로 0.6cm 이동한 지점

　　　　　　　　　　　옆선을 그릴 때는 V2'-H2' 라인은 곡이 심하지 않아야 한다. 뒤판옆선과 동일

F'-L2'　　　(6cm)　　밑단선 지점

L2'-L1'　　　　　　　앞판 옆선이 H2'를 지나서 밑단선까지 자연스럽게 연장된 지점 (L1' 생성)앞

B'-B2'　　　(19cm)　　품, A'지점 수평선과 교차점 (C' 생성)

B2'-S'　　　(2.5cm)　　가슴선에서 앞품선을 따라 2.5cm 올라간 지점

S'-S1'　　　(2cm)　　암홀선을 그리기 위한 위치보조선

B2'-S2'　　　(5cm)　　가슴선에서 앞품선을 따라 5cm 올라간 지점

S2'-S3'　　　(0.6cm)　　암홀선을 그리기 위한 위치보조선

A'-A1'　　　(9cm)　　앞목깊이

A'-N'　　　(7cm)　　앞옆목너비, 앞판 옆목점 생성 (체형에 따라 뒷목 -0.8 ~ 1cm ~ 1.3cm 준다.)

K'　　　　　　　　　　앞목라인을 그리기 위한 보조선 (N'-A1'연결 후 이등분지점에서 K'생성)

K'-K1'　　　(2cm)　　앞목라인을 그리기 위한 보조선

N'-N1'　　　(18cm)　　어깨 각도를 맞추기 위한 보조선

N1'-N2'　　(6cm)　　앞판 어깨 각도 6cm (N'-N2' 어깨 보조선연결)

　　　　　　　　　　　(앞판과 뒤판의 어깨각도 합이 평균 11~12cm로 한다.)

N'-S4'　　　(15.6cm)　뒤판 N-S2 동일치수

S4'-S5'-S3'-S1'-B1'　자연스런 곡선으로 그린다.

N3'-S5'　　(2cm)　　앞판어깨선 N'-S4' 의 2cm 평행으로 내려온선

A1'-R'　　　(1.5cm)　　단작이 3cm이므로 앞중심을 중심으로 1.5cm씩 양쪽으로 그려준다.(R1'생성)

R'-R2'　　　(0.3cm)　　앞목의 라인이 A1'를 지나서 자연스럽게 단작으로 그린다.

　　　　　　　　　　　N'-K1'-A1'-R2'를 자연스럽게 연결해 앞목라인을 그린다.

1) 캐주얼셔츠

(3) 캐주얼셔츠 주머니제도

신장   178cm

가슴둘레(B)   92cm

허리둘레(W)   80cm

엉덩이둘레(H)   93cm

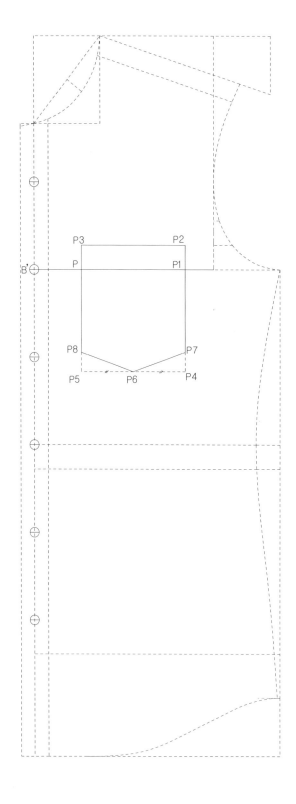

1) 캐주얼 셔츠
(3) 캐주얼 셔츠 주머니제도

신장   178cm
가슴둘레(B)   92cm
허리둘레(W)   80cm
엉덩이둘레(H)   93cm

앞판주머니

B'-P   (5cm)   앞판주머니 위치 (앞중심에서 안으로 5cm 이동한 지점)

P-P1   (11cm)   앞판주머니 너비 (가슴선을 따라서 11cm 이동한 지점)

P1-P2   (2.5cm)   P1에서 2.5cm 수직으로 올라간 지점(P-P3 동일치수)

P2-P4   (13cm)   앞판주머니깊이 (P3-P5 동일치수)

P6   P4-P5 1/2 지점

P4-P7   (2cm)   P7과 P6 연결

P5-P8   (2cm)   P8과 P6 연결

SNAP   (6cm)   앞목 앞중심으로부터 6cm 내려 첫 번째 단추 위치이다.

단추   (9cm)   첫 번째 단추에서 두 번째 단추는 9cm 내린 위치이며,

                        단추의 갯수는 6개로 한다.

  - 주머니 위치는 기본적으로 B.P점을 기준으로 하되 미적으로 안정된 곳에
  정한다. 주머니 크기는 기능적인 부분으로 용도에 맞게 제작한다.

1) 캐주얼셔츠

(4) 캐주얼셔츠 소매제도 – 소매산높이

Ver. 1

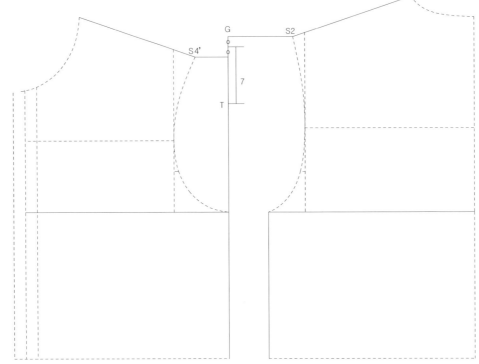

Ver. 2

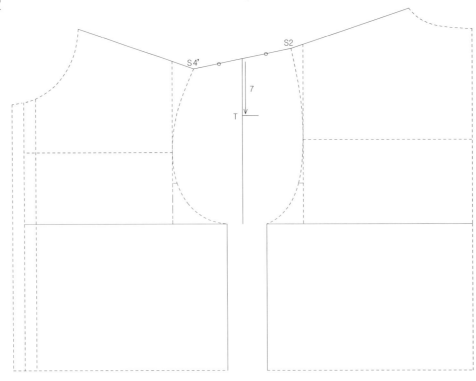

1) 캐주얼셔츠

(4) 캐주얼셔츠 소매제도 – 분리된 소매제도

Ver . 1 (7 cm)

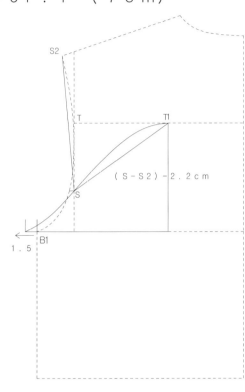
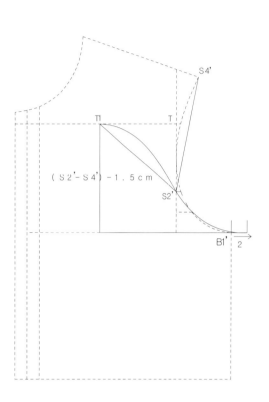

Ver . 2 (8 . 5 cm)

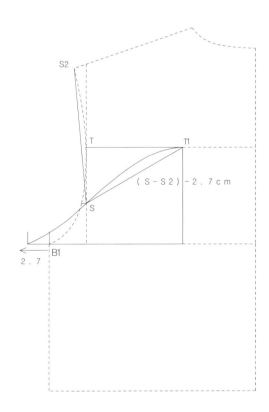
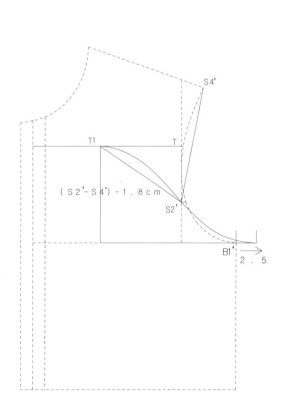

1) 캐주얼셔츠

(4) 캐주얼셔츠 소매제도 - 분리된 소매제도

Ver. 3 (10cm)

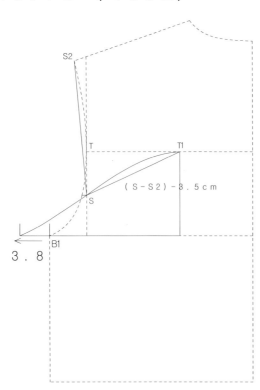
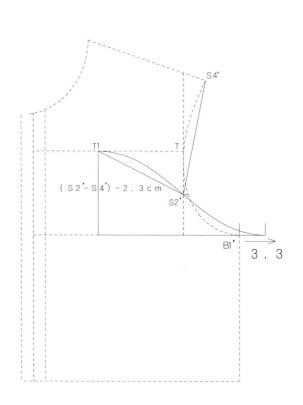

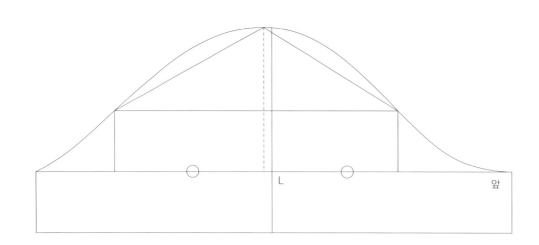

1) 캐주얼셔츠

(4)   소매산높이에 따른 소매의 변화

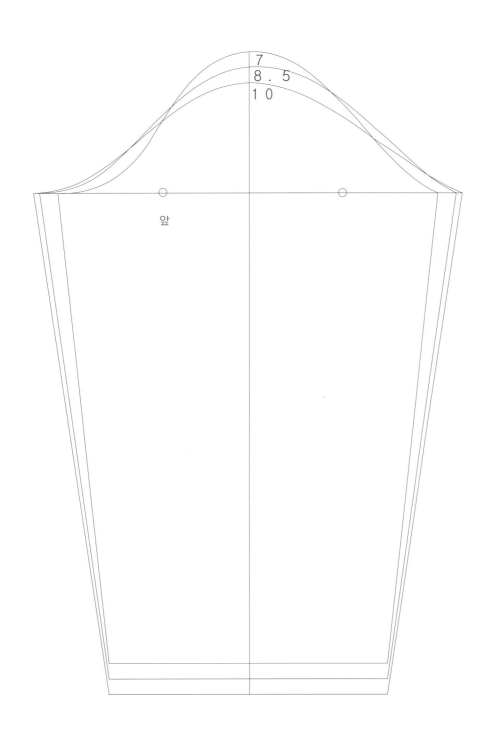

- 소매산 높이에 따라 소매통을 조절한다.
- 소매산이 높을수록 소매통은 좁아지며 , 소매산이 낮을수록
  소매통은 넓어진다.

1) 캐주얼셔츠

· (4) 캐주얼셔츠 소매제도 - 이세확인 및 너치표시

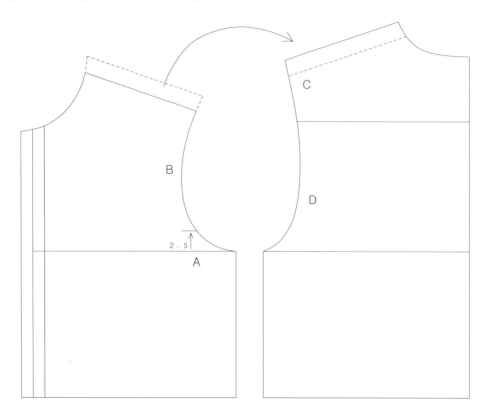

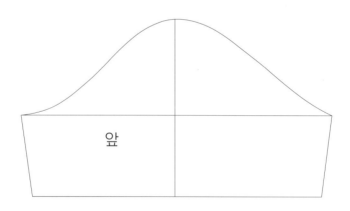

앞

- 앞판의 어깨선 2cm를 뒤판으로 넘겨준다.

- 요크는 두겹으로 봉제되기 때문에 앞 어깨선을 넘김으로서
  안정된 착용감을 얻을 수 있다.

- 앞판 상동선에서 2.5cm 올려 첫번째 너치(A), 앞판
  어깨선까지 두번째 (B), 뒤판 요크를 (C), 뒤판을 (D)
  구간으로 나누어준다.

- 몸판의 암홀둘레와 소매둘레를 확인하여 이세량을 체크한다.

1) 캐주얼셔츠

(4) 캐주얼셔츠 소매제도 – 이세확인 및 너치표시

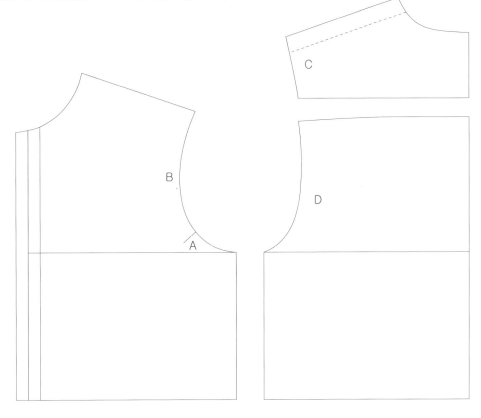

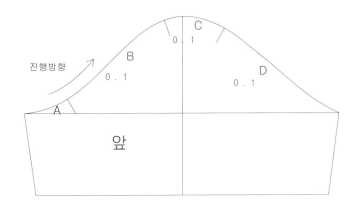

- 이세량 확인 후 A 지점부터 D까지 0 . 1 c m씩 이세를 준다.

(이세량 0.4 ～ 0.6 c m)

- 남성복 소매 암홀 봉제는 쌈솔 봉제이기 때문에 이세가 들어가야 한다.

- 몸판 암홀 스티치 간격에 따라 이세량이 달라진다.

1) 캐주얼셔츠

(4) 캐주얼셔츠 소매제도 - 소매산 8.5cm

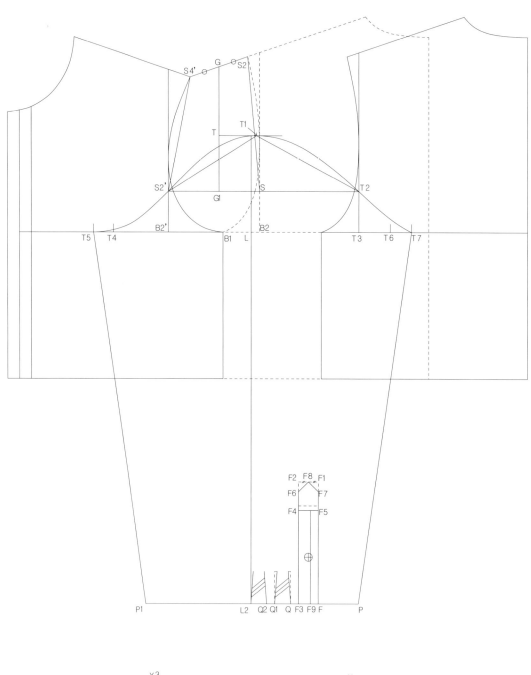

1) 캐주얼 셔츠
(4) 캐주얼 셔츠 소매제도

소매산   8.5cm
소매기장   64cm

커프스

X-X1	(6.5cm)	커프스 폭
X1-X2	(24cm)	커프스 둘레, X 수평, X2 수직연결 (X3 생성)
단추위치	(1cm)	X-X1, X2-X3선에서 안쪽으로 1cm 이동하고, 커프스 폭의 1/2지점

소매

S4'-S2		직선연결 (앞판, 뒤판 어깨연결)
G		S4'-S2 1/2지점
T	(8.5cm)	G에서 8.5cm 내려온 지점으로 소매산 위치 T1생성
B2'-T4		B2'-B1 앞곁품과 동일한 길이
T4-T5	(2.5cm)	2.5cm 연장
S4'-S2'		직선연결 (앞판 암홀)
S2-S		직선연결 (뒤판 암홀)
S2'-T1		S4'-S2' 직선길이 – 1.8cm
		S2'에서 시작하여 T의 수평선상에서 접하는 지점 T1.
T1-T2		S2-S 직선길이 – 2.7cm
		T1에서 S의 수평연장선상에서 접하는 지점(T2), 수직으로 내린다.(T3생성)
T1-S2'-T5		자연스럽게 앞판소매암홀을 그린다.
T3-T6		B1-B2 뒤곁품과 동일한 길이
T6-T7	(2.7cm)	2.7cm 연장
T1-T2-T7		자연스럽게 뒤판소매암홀을 그린다.
L		T5-T7이등분점 수직으로 연장된점 L2생성
L2	(57.5cm)	소매기장
L2-P	(13.5cm)	27cm/2, (커프스길이 24cm + 턱분량 4cm – 1cm) / 2
L2-P1	(13.5cm)	27cm/2, (커프스길이 24cm + 턱분량 4cm – 1cm) / 2
P-F	(5cm)	소매부리선을 따라 5cm 이동한다.
F-F1	(16cm)	수직으로 16cm 올린다.
F1-F2	(2.5cm)	F2에서 수직으로 내려 F3생성 (F3 ~ F 동일치수)
F2-F4	(3.5cm)	F1-F5 동일치수
F2-F6	(1.2cm)	F1-F7 동일치수
F-F9	(1cm)	견보로 겹침분량으로 중간지점에 단추가 달려 견보로가 벌어지지 않게 한다.
F3-Q	(1cm)	견보로와 턱사이 간격은 1cm이다.
Q-Q1	(2cm)	턱분량 2cm (Q2-L2동일치수)

1) 캐주얼셔츠

(4) 캐주얼셔츠 소매제도 - 소매산 10cm

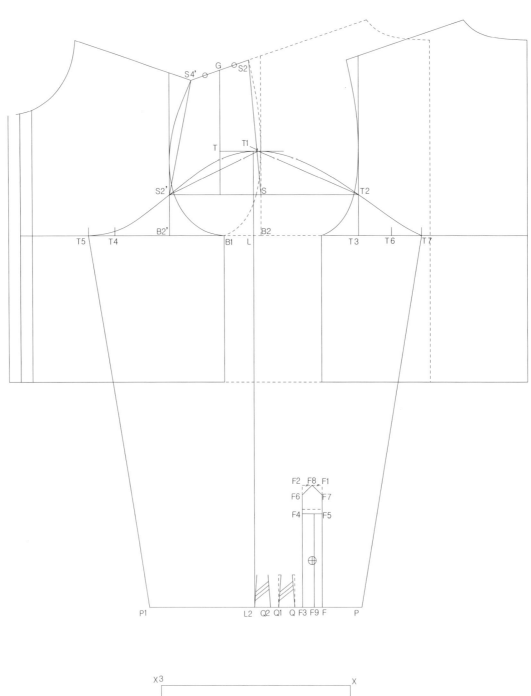

1) 캐주얼 셔츠
(4) 캐주얼 셔츠 소매제도

소매산   10cm
소매기장   64cm

커프스

X-X1	(6.5cm)	커프스 폭
X1-X2	(24cm)	커프스 둘레, X 수평, X2 수직연결 (X3 생성)
단추위치	(1cm)	X-X1, X2-X3선에서 안쪽으로 1cm 이동하고, 커프스 폭의 1/2지점

소매

S4'-S2		직선연결 (앞판, 뒤판 어깨연결)
G		S4'-S2 1/2지점
T	(10cm)	G에서 10cm 내려온 지점으로 소매산 위치 T1생성.
B2'-T4		B2'-B1 앞곁품과 동일한 길이
T4-T5	(3.3cm)	3.3cm 연장
S4'-S2'		직선연결 (앞판 암홀)
S2-S		직선연결 (뒤판 암홀)
S2'-T1		S4'-S2' 직선길이 - 2.3cm
		S2'에서 시작하여 T의 수평선상에서 접하는 지점 T1.
T1-T2		S2-S 직선길이 - 3.5cm
		T1에서 S의 수평연장선상에서 접하는 지점(T2), 수직으로 내린다.(T3생성)
T1-S2'-T5		자연스럽게 앞판소매암홀을 그린다.
T3-T6		B1-B2 뒤곁품과 동일한 길이
T6-T7	(3.8cm)	3.8cm 연장
T1-T2-T7		자연스럽게 뒤판소매암홀을 그린다.

*소매기장 및 견보루 제작은 소매산 8.5cm제도방법과 동일하다.

1) 캐주얼셔츠

(5) 캐주얼셔츠 칼라제도

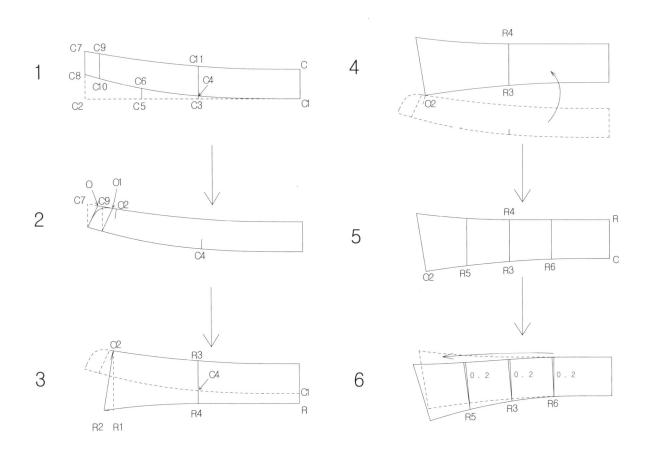

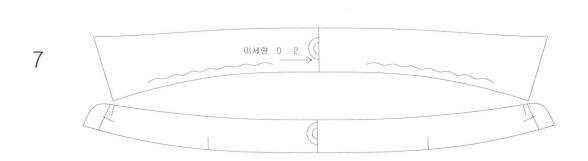

1) 캐주얼 셔츠
(5) 캐주얼 셔츠 칼라제도

1

C-C1	(3cm)	밴드높이
C1-C2		앞목둘레 + 뒷목둘레
C1-C3		옆목점위치, (뒷목둘레 + 2cm(앞에서 2cm뒤로 넘긴분량)) C4,C11생성
C3-C4	(0.3cm)	밴드라인 보조선
C5		C3-C2 1/2지점
C5-C6	(1cm)	밴드라인 보조선
C2-C7	(4.8cm)	밴드앞길이
C2-C8	(2.5cm)	밴드앞이 올라가는 분량, C1-C4-C6-C8 밴드밑 곡선을 그린다.
C7-C9	(1.5cm)	밴드앞에서 1.5cm C8-C10 동일치수
C9-C10	(2.5cm)	
C4-C11	(3cm)	옆목점 C4에서 3cm 연장하여 밴드의 중간지점 높이를 정한다.
		C7-C9-C11-C점을 따라 자연스런 곡선을 그려준다.

2

C7-O	(1cm)	수평으로 1cm이동 O-O1생성
O1-O2	(0.4cm)	칼라 봉제 위치

3

C1-R	(1cm)	칼라의 두께, 뒷중심위치
O2-R1	(6cm)	칼라의 크기 결정선
R1-R2	(1cm)	칼라의 각도 결정선
R3-R4	(4.3cm)	칼라중간길이, 옆목점 C4에서 수직으로 연결. R-R4-R2 자연스럽게 연결

4

칼라를 제 위치로 세워준다

5

C-O2		4등분한다.

6

밴드와 봉제되는 지점인 칼라의 R3, R5, R6지점은 고정하고 외경을 각 0.2cm씩 벌려준다.

7

칼라와 밴드의 봉제되는 부분에 0.2cm이세가 있어야 한다. (타이를 매지 않을 경우 0.2cm 늘려준다.)
칼라가 완성되면 목둘레와 칼라둘레등을 확인하여 컨트롤 해준다.

1) 캐주얼셔츠

(6) 캐주얼셔츠 요크생성 - 1 c m 올리기

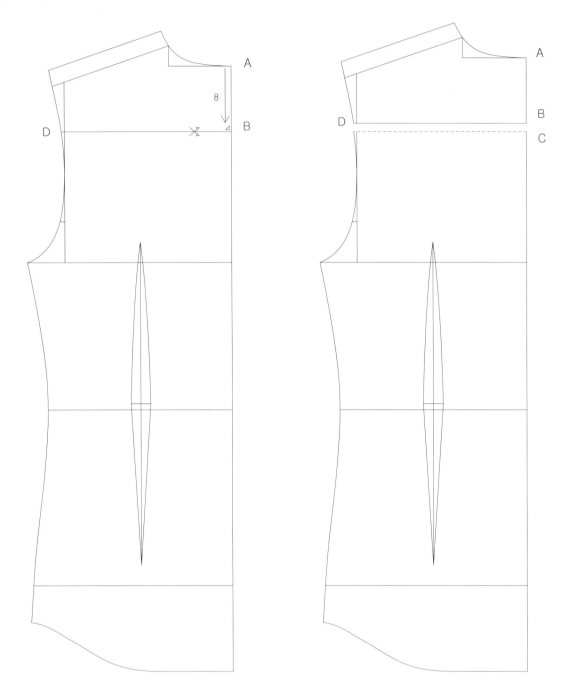

A - B 뒷목 중심점에서 8 c m 내려 요크절개선을 만든다.

B - 절개한 요크를 1 c m 올려준다.

  - 뒷목에서 요크가 올라가는 범위는 0 - 1 c m 로 한다.

  - 등길이가 길어지고 입체감이 생긴다.

1) 캐주얼셔츠
(6) 캐주얼셔츠 요크생성 - 1cm올리기

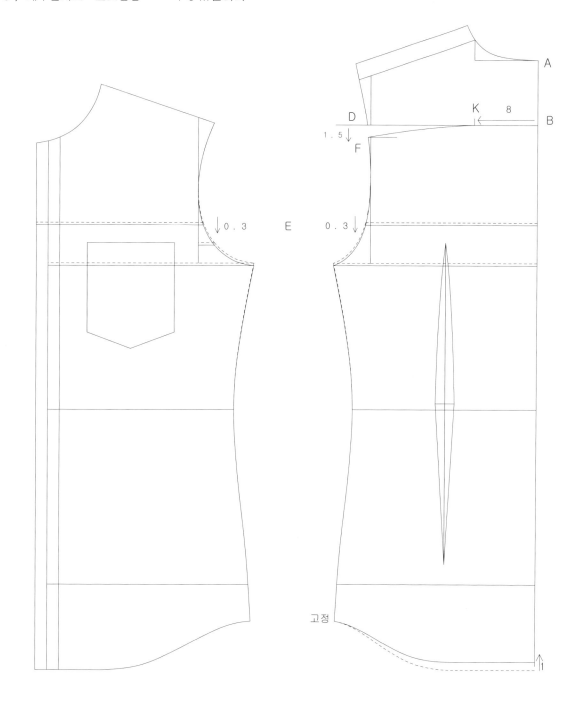

 - 요크 1cm를 올리게 되면 뒷기장 1cm 길어진다.
 - 길이진 1cm는 밑단에서 줄여준다.
B - K 뒷중심에서 8cm위치에서 요크 너치를 만들어주며 요크절개선에서 D 에서
  1.5cm 내린다.   B - K - F 으로 자연스럽게 그려준다.
F - 요크가 생김으로써 뒤판과 요크 사이에 1.5cm의 견갑골 다트가 생긴다.
 - 뒤판암홀(E)에서 0.5cm를 줄였기 때문에 몸판암홀길이가   줄게된다.
 - 줄어든 암홀길이를 보충하기 위해 앞뒤몸판 상동선의 5cm
   지점에서 0.3cm(0.25cm)씩 내린다.
 - 결과적으로 기존 암홀선과 같게 된다.
 - 소매너치만 몸판에 맞춰 이동한다.

1) 캐주얼셔츠

(6) 캐주얼셔츠 요크생성 − 1cm올리기

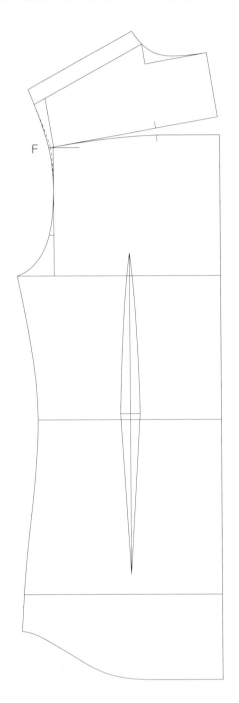

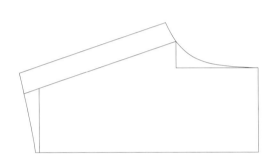

뒤중심고리

F − 요크와 뒷판이 봉제되었을때 암홀선의 흐름이 자연스럽게 연결한다.

1) 캐주얼셔츠

(6) 캐주얼셔츠 요크생성 – 1cm올리기 완성

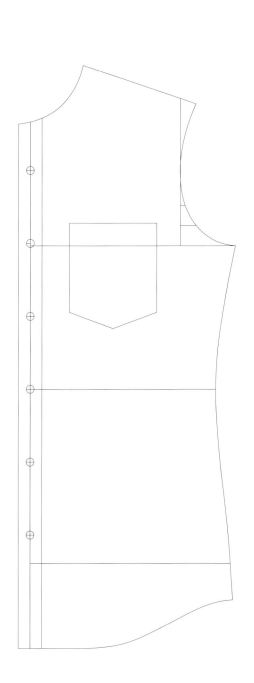

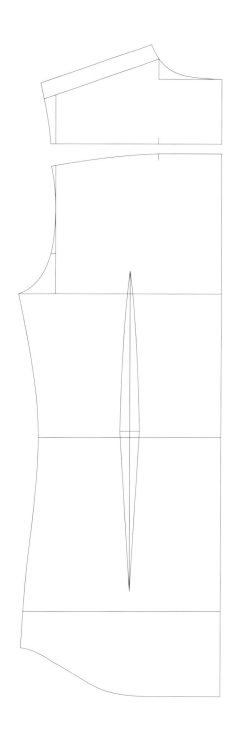

1) 캐주얼셔츠

(7) 캐주얼셔츠 뒤중심턱

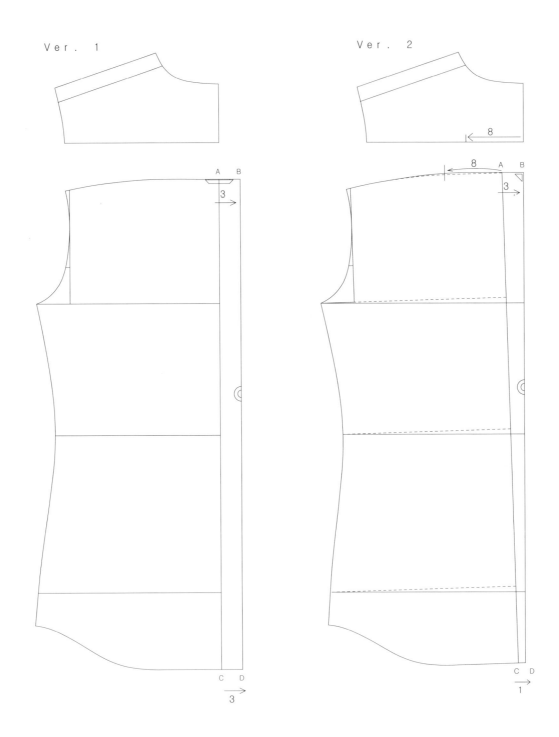

A - B (3 c m) 수직으로 밑단까지 내린다.
C - D 와 동일치수

C - D (1 c m) 밑단이 내려갈수록
여유량이 작아진다.

1) 캐주얼셔츠

(7) 캐주얼셔츠 뒤중심턱

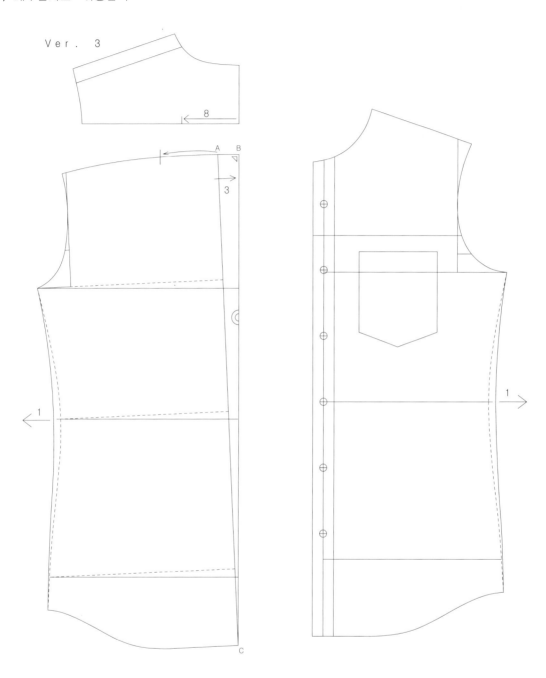

C 밑단은 여유를 주지 않는다.

앞뒤 허리선에서 1 c m씩 여유를 준다. 턱분량에 따라 다양한 실루엣으로 활용한다.

1) 캐주얼셔츠

(8) 캐주얼셔츠 다트활용

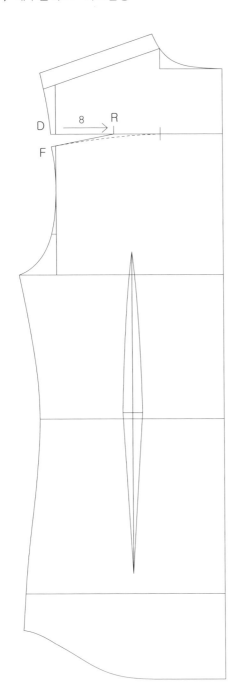
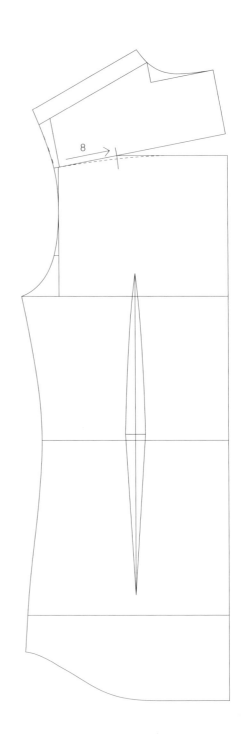

- 몸판과 요크를 붙여서 다트를 만들고 디자인에 따라 전개한다.
D - R 요크 암홀에서 8 cm이동하여 다트끝점을 만든다.
D - F 요크로 인해 1 . 5 cm 다트가 발생한다.

1) 캐주얼셔츠

(8) 캐주얼셔츠 다트활용

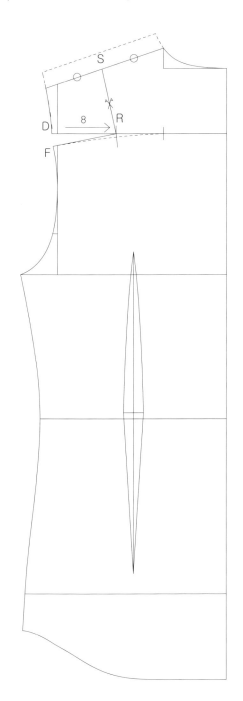
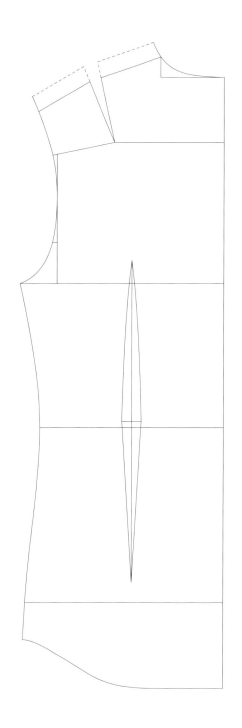

S   어깨의 1 / 2 지점과 요크 8 c m 너치지점과 직선연결하여 다트위치를 잡는다.
D - F   어깨 다트선을 자르고 암홀의 다트를 접는다.
- 어깨에 다트가 있는 경우 기본 뒤어깨선을 사용하는 것이 좋다.

1) 캐주얼셔츠

(9) 캐주얼셔츠 — 소매턱변형

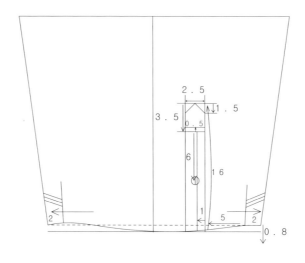

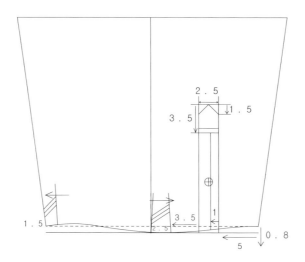

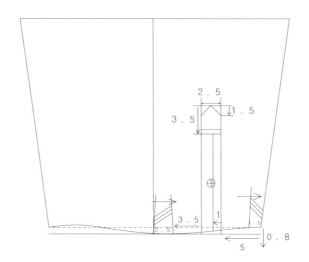

1) 캐주얼셔츠

(9) 캐주얼셔츠 - 소매턱변형

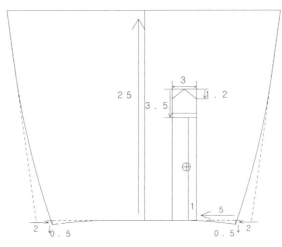

- 턱이 없는 소매의 경우 소매부리에서 25cm 올라간다.
- 소매부리 턱분량을 2cm 줄여 자연스럽게 곡선으로 그린다.

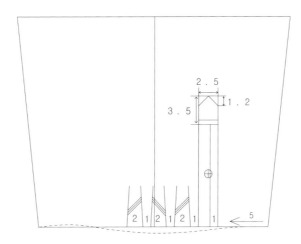

- 턱이 1개만 있는 경우는 턱분량 4cm로 한다.
- 보통 턱이 3개인 경우 턱 1개의 분량은 2cm으로 잡는다
- 셔츠소매부리의 턱의 갯수와 턱분량은 디자인에 따라 다를 수 있다
- 턱분량이 많아지면 소매부리도 커진다.

1) 캐주얼셔츠

(1 0) 캐주얼셔츠 – 반팔소매제도

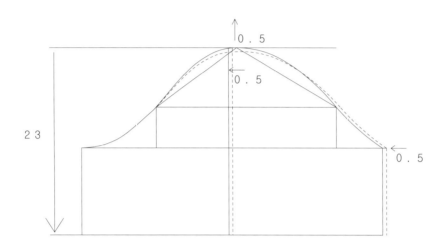

- 소매산 0 . 5 c m를 올리고 소매기장 2 3 c m에 맞춘다.
- 소매통을 0 . 5 c m 줄여서 소매산 둘레 사이즈가 변동되지
  않게 한다.

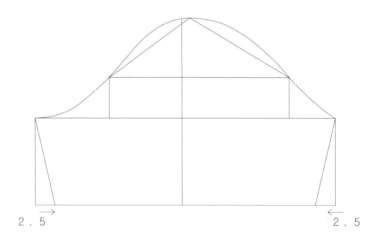

소매 기장을 줄일 때는 기장에서 원하는 만큼 자른다.
소매부리는 2 3 c m를 기준으로 2 . 5 c m씩 줄여준다.

1) 캐주얼셔츠

(11) 캐주얼셔츠 - 가슴주머니

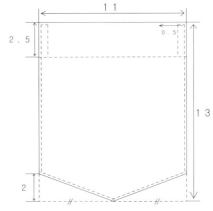
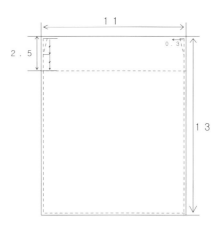

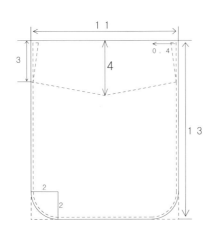
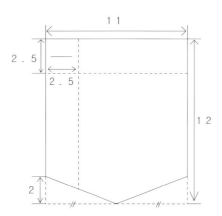

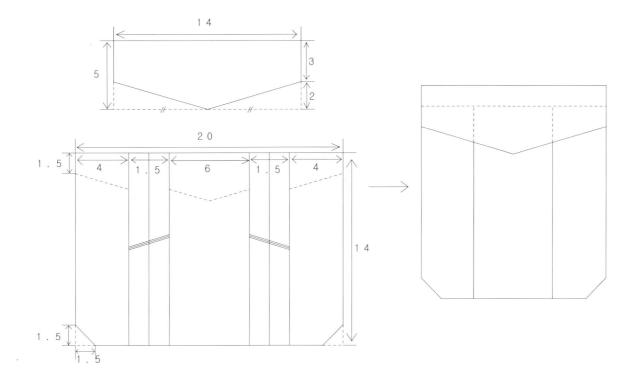

2) 클래식셔츠

(1)   클래식셔츠   뒤판제도

신장   178cm

가슴둘레(B)   92cm

허리둘레(W)   80cm

엉덩이둘레(H)   93cm

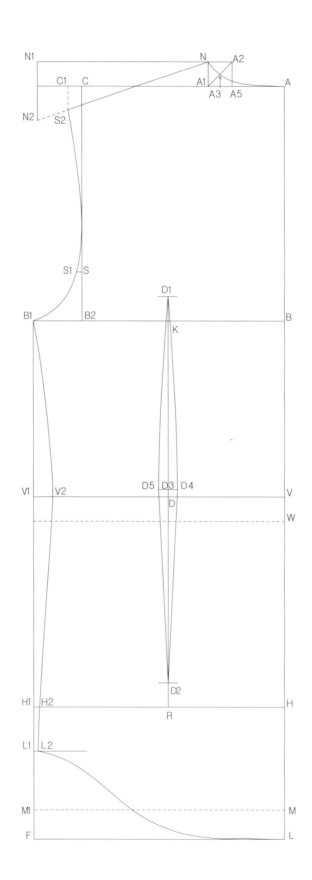

2) 클래식셔츠
(1) 클래식셔츠 뒤판 제도

신장	178cm
가슴둘레(B)	92cm
허리둘레(W)	80cm
엉덩이둘레(H)	93cm

뒤판

A-B	(24cm)	진동깊이
A-W	(44.5cm)	등에서 실제허리위치이며, 등길이위치이기도 하다.
W-V	(2.5cm)	실제허리에서 2.5cm 올라간 지점으로 옆허리선위치
W-H	(19cm)	실제허리에서 19cm 내려간 지점
A-L	(77cm)	뒷중심선, 드레스 셔츠 기장 77cm
B-B1	(26.5cm)	B/4 + 여유분 3.5cm (V1, H1, F 생성) 슬림클래식셔츠 + 3cm
V1-V2	(2cm)	슬림핏 2.5cm, 노멀핏 2cm
H1-H2	(0.6cm)	힙선에서 안쪽으로 0.6cm 이동한 지점
		옆선을 그릴 때는 V2-H2 라인은 곡이 심하지 않아야 한다.
L-M	(3cm)	앞판기장선, 뒤판기장에서 3cm 올라가 앞판기장선 생성 (M1생성)
M1-L1	(5.5cm)	옆선밑단 지점
L1-L2		뒤판 옆선이 H2를 지나서 밑단선까지 자연스럽게 연장된 지점 (L2 생성)
B-B2	(21.3cm)	등품, A지점 수평선과 교차점 (C 생성)
B2-S	(5cm)	가슴선에서 등품선을 따라 5cm 올라간 지점
S-S1	(0.6cm)	암홀선을 그리기 위한 위치보조선
A-A1	(8cm)	뒤목너비
A1-N	(2.5cm)	뒤옆목높이, 뒤판 옆목점 생성
N-A2	(2.5cm)	뒷목라인을 그리기 위한 보조선 A1-A5동일치수
A3		A1-A2 직선연결 1/2지점 (N-A3-A 뒷목선그리기)
N-N1	(18cm)	어깨 각도를 맞추기 위한 보조선
N1-N2	(6cm)	뒤판 어깨 각도 6cm (N-N2 어깨 보조선연결)
C-C1	(1.5cm)	뒤어깨끝점
N-S2		뒤어깨길이
S2-S1-B1		암홀라인, 자연스런 곡선으로 그린다.

다트

D		등다트위치, 허리선 V2-V의 1/2 지점,D3-K-D1-D2-R생성
D-K		상동선과 D에서 수직으로 올린지점
K-D1	(2.5cm)	상동선 에서 2.5cm 올린지점
D-R		힙선과 D에서 수직으로 내린지점
R-D2	(2.5cm)	힙선에서 2.5cm 올린지점
D3		D1-D2 다트선의 1/2지점
D3-D4	(1cm)	다트량.
D3-D5	(1cm)	다트량.

2) 클래식셔츠

(2) 클래식셔츠 앞판제도

신장   178cm

가슴둘레(B)   92cm

허리둘레(W)   80cm

엉덩이둘레(H)   93cm

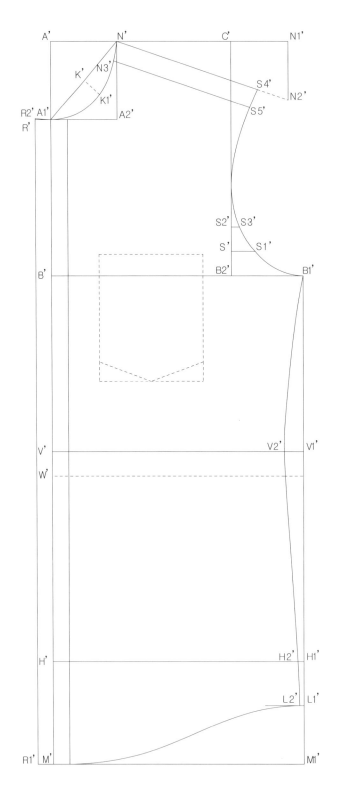

2) 클래식셔츠
(2) 클래식셔츠 앞판 제도

신장	178cm
가슴둘레(B)	92cm
허리둘레(W)	80cm
엉덩이둘레(H)	93cm

앞판

A'-B'	(24cm)	진동깊이
A'-W'	(44.5cm)	등에서 실제허리위치이며, 등길이위치이기도 하다.
W'-V'	(2.5cm)	실제허리에서 2.5cm 올라간 지점으로 옆허리선위치
W'-H'	(19cm)	실제허리에서 19cm 내려간 지점
A'-M'	(74cm)	앞중심선, 드레스셔츠 앞판기장 74cm
B'-B1'	(26.5cm)	B/4 + 여유분 3.5cm (V1', H1', M' 생성)
V1'-V2'	(2cm)	슬림핏 2.5cm, 노멀핏 2cm
H1'-H2'	(0.6cm)	힙선에서 안쪽으로 0.6cm 이동한 지점
		옆선을 그릴 때는 V2'-H2' 라인은 곡이 심하지 않아야 한다. 뒤판옆선과 라인동일
M1'-L1'	(5.5cm)	밑단선 지점
L1'-L2'		앞판 옆선이 H2'를 지나서 밑단선까지 자연스럽게 연장된 지점 (L2' 생성)
B'-B2'	(19cm)	앞품, A'지점 수평선과 교차점 (C' 생성)
B2'-S'	(2.5cm)	가슴선에서 앞품선을 따라 2.5cm 올라간 지점
S'-S1'	(2.6cm)	암홀선을 그리기 위한 위치보조선
B2'-S2'	(5cm)	가슴선에서 앞품선을 따라 5cm 올라간 지점
S2'-S3'	(0.9cm)	암홀선을 그리기 위한 위치보조선
A'-A1'	(8cm)	앞목깊이
A'-N'	(7cm)	앞너비, 앞판 옆목점 생성 (N'-A1'를 연결 후 이등분지점에서 K'생성)
K'		앞목라인을 그리기 위한 보조선 (N'-A1'연결)
K'-K1'	(2.2cm)	앞목라인을 그리기 위한 보조선
N'-N1'	(18cm)	어깨 각도를 맞추기 위한 보조선
N1'-N2'	(6cm)	앞판 어깨 각도 6cm (N'-N2' 어깨 보조선연결)
		앞판과 뒤판의 어깨각도 합이 평균 11~12cm로 한다.
N'-S4'		뒤판 N-S2와 어깨길이 동일한 지점 (S4' 생성)
S4'-S5'-S3'-S1'-B1'		자연스런 곡선으로 그린다.
N3'-S5'	(2cm)	앞판어깨선 N'-S4' 의 2cm 평행선 (뒤로 넘긴 분량)
A1'-R'	(1.75cm)	단작이 3.5cm이므로 앞중심을 중심으로 1.75cm씩 양쪽으로 그려준다.(R1'생성)
R'-R2'	(0.1cm)	앞목의 라인이 자연스럽게 단작으로 이어지도록 그린다.
		N'-K1'-A1'-R2'를 자연스럽게 연결해 앞목라인을 그린다.

2) 클래식셔츠

(3) 클래식셔츠 소매제도 – 소매산 8.5cm

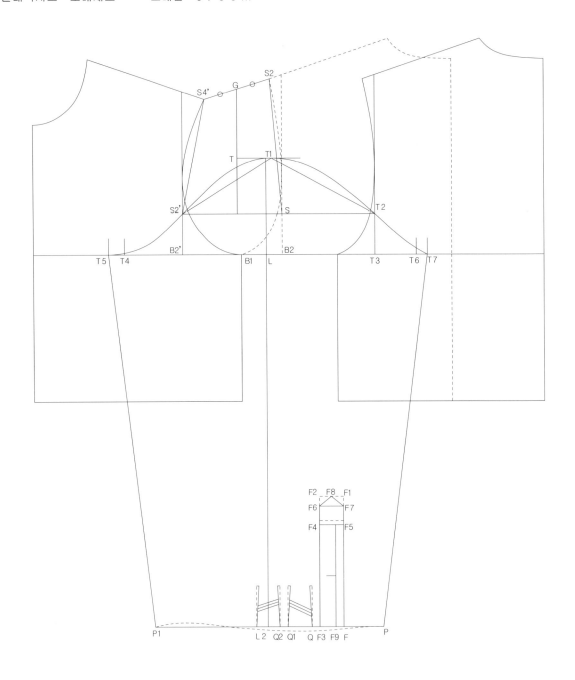

2) 클래식셔츠
(3) 클래식셔츠 소매 제도

소매산	8.5cm	
소매기장	64cm	

커프스

X-X1	(6.5cm)	커프스 폭
X1-X2	(24cm)	커프스 둘레, X 수평, X2 수직연결 (X3 생성)
단추위치	(1cm)	X-X1, X2-X3선에서 안쪽으로 1cm 이동하고, 커프스 폭의 1/2지점

소매

S4'-S2		직선연결 (앞판, 뒤판 어깨연결)
G		S4'-S2 1/2지점
T	(8.5cm)	G에서 8.5cm 내려온 지점으로 소매산 위치
S4'-S2'		직선연결 (앞반 암홀)
S2-S		직선연결 (뒤판 암홀)
S2'-T1		S4'-S2' 직선길이 – 1.5cm
		S2'에서 시작하여 T의 수평선상에서 접하는 지점 T1.
T1-T2		S2-S 직선길이 – 2.4cm
		T1에서 S의 수평연장선상에서 접하는 지점(T2), 수직으로 내린다.(T3생성)
B2'-T4		B2'-B1 앞곁품과 동일한 길이
T4-T5	(2cm)	2cm 연장
T1-S2'-T5		자연스럽게 앞판소매암홀을 그린다.
T3-T6		B1-B2 뒤곁품과 동일한 길이
T6-T7	(1.4cm)	1.4cm 연장
T1-T2-T7		자연스럽게 뒤판소매암홀을 그린다.
L		T5-T7 1/2지점
T1-L2	(57.5cm)	커프스를 제외한 길이(소매기장 64cm – 6.5cm)만큼 내린다.
L2-P	(14.5cm)	29cm/2, (커프스길이 24cm –1cm + 턱분량 6cm) / 2
L2-P1	(14.5cm)	29cm/2, (커프스길이 24cm –1cm + 턱분량 6cm) / 2
P-F	(5cm)	소매부리선을 따라 5cm 이동한다.
F-F1	(16cm)	수직으로 16cm 올린다.
F1-F2	(3cm)	F2에서 수직으로 내려 F3생성(F3-F 동일치수)
F2-F4	(3.5cm)	F1-F2선을 평행으로 3.5cm 내린다. (F5 생성)
F2-F6	(1.2cm)	견보로 모양, F1-F2선의 1/2지점 F8과 F6 연결 (F7 동일)
F-F9	(1cm)	견보로 겹침분량으로 중간지점에 단추가 달려 견보로가 벌어지지 않게 한다.
F3-Q	(1cm)	견보로와 턱사이 1cm이다.
Q	(5cm)	수직으로 5cm 올라간 지점에서 0.3cm 옮겨 턱끝을 안쪽으로 모이게 한다.
Q-Q1	(3cm)	턱분량 3cm (턱분량 동일하게 간다.)
		같은 방식으로 Q1에서 1cm 떨어뜨려 턱을 하나 더 만든다.

2) 클래식셔츠
(3) 클래식셔츠 소매제도 – 소매산 10cm

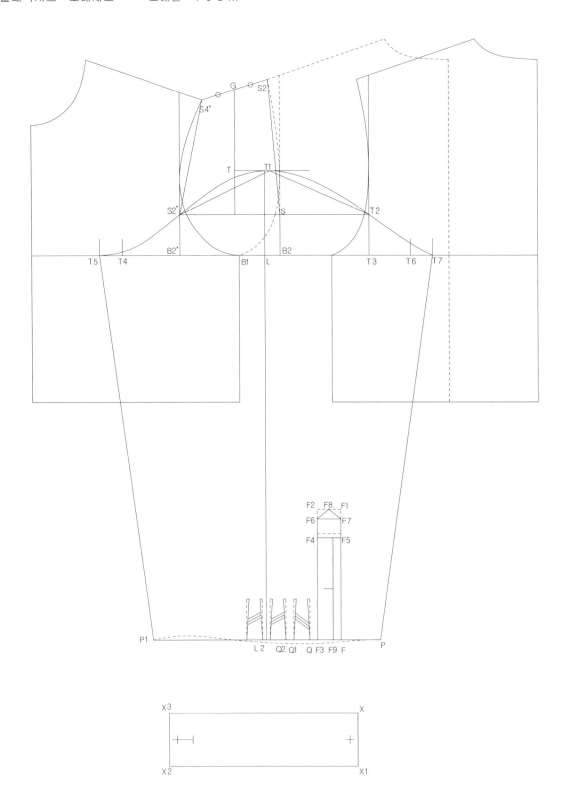

2) 클래식셔츠
(3) 클래식셔츠 소매 제도

소매산　　　　10cm
소매기장　　　64cm

커프스

X-X1	(6.5cm)	커프스 폭
X1-X2	(24cm)	커프스 둘레, X 수평, X2 수직연결 (X3 생성)
단추위치	(1cm)	X-X1, X2-X3선에서 안쪽으로 1cm 이동하고, 커프스 폭의 1/2지점

소매

S4'-S2		직선연결 (앞판, 뒤판 어깨연결)
G		S4'-S2 1/2지점
T	(10cm)	G에서 10cm 내려온 지점으로 소매산 위치
S4'-S2'		직선연결 (앞판 암홀)
S2-S		직선연결 (뒤판 암홀)
S2'-T1		S4'-S2' 직선길이 – 2.1cm
		S2'에서 시작하여 T의 수평선상에서 접하는 지점 T1.
T1-T2		S2-S 직선길이 – 3.2cm
		T1에서 S의 수평연장선상에서 접하는 지점(T2), 수직으로 내린다.(T3생성)
B2'-T4		B2'-B1 앞곁품과 동일한 길이
T4-T5	(2.9cm)	2.9cm 연장
T1-S2'-T5		자연스럽게 앞판소매암홀을 그린다.
T3-T6		B1-B2 뒤곁품과 동일한 길이
T6-T7	(2.8cm)	2.8cm 연장
T1-T2-T7		자연스럽게 뒤판소매암홀을 그린다.
L		T5-T7 1/2지점에서 T선까지 올린다.
T1-L2	(57.5cm)	커프스를 제외한 길이(소매기장 64cm – 6.5cm)만큼 내린다.
L2-P	(14.5cm)	29cm/2, (커프스길이 24cm –1cm + 턱분량 6cm) / 2
L2-P1	(14.5cm)	29cm/2, (커프스길이 24cm –1cm + 턱분량 6cm) / 2
P-F	(5cm)	소매부리선을 따라 5cm 이동한다.
F-F1	(16cm)	수직으로 16cm 올린다.
F1-F2	(2.5cm)	F2에서 수직으로 내려 F3생성
F2-F4	(3.5cm)	F1-F2선을 평행으로 3.5cm 내린다. (F5 생성)
F2-F6	(1.2cm)	견보로 모양, F1-F2선의 1/2지점 F8과 F6 연결 (F7 동일)
F-F9	(1cm)	견보로 겹침분량으로 중간지점에 단추가 달려 견보로가 벌어지지 않게 한다.
F3-Q	(1cm)	견보로와 턱사이 1cm이다.
Q	(5cm)	수직으로 5cm 올라간 지점에서 0.3cm 옮겨 턱끝을 안쪽으로 모이게 한다.
Q-Q1	(2cm)	턱분량 2cm (턱분량 동일하게 간다.)
		같은 방식으로 Q1에서 1cm 떨어뜨려 턱을 하나 더 만든다.

2) 클래식셔츠

(4) 클래식셔츠 칼라제도

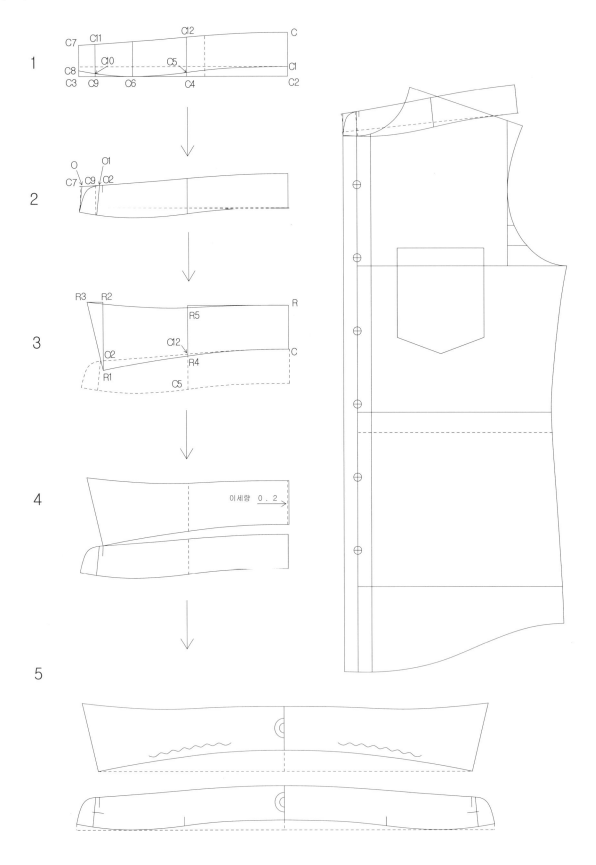

2) 클래식셔츠
(4) 클래식셔츠 칼라 제도

1

C-C1	(3.5cm)	밴드높이
C1-C2	(1cm)	밴드가 내려가는 분량
C2-C3		앞목둘레 + 뒷목둘레
C2-C4		옆목점위치, (뒷목둘레 + 앞어깨선 넘긴 분량 2cm)
C4-C5	(0.4cm)	밴드라인 보조선
C6		C3-C4 1/2지점, 밴드밑단곡이 가장 내려오는 지점
C3-C7	(3.2cm)	밴드앞길이
C3-C8	(0.6cm)	밴드앞이 올라가는 분량
C3-C9	(1.75cm)	밴드앞에서 1.75cm 평행으로 임의앞중심선을 그린다. (C7-C11 동일치수)
C9-C10	(0.3cm)	밴드밑단곡선을 그리기 위한 보조선
		C8-C10-C6-C5-C1을 따라 자연스런 곡선을 그려준다.
C10-C11	(3cm)	밴드 앞중심위치의 두께
C5-C12	(3.6cm)	옆목점 C5에서 3.6cm 연장하여 밴드의 중간지점 높이를 정한다.
		C7-C12-C를 자연스런 곡선을 그려준다.

2

C7-O	(0.3cm)	앞판목과 봉제했을 때 앞중심과의 직선이 되는 위치
		C9-O1도 동일하게 0.3cm 이동한다.
O1-O2	(0.4cm)	칼라 봉제 위치

3

C-R	(4.5cm)	칼라의 두께, 뒷중심위치
O2-R1	(1cm)	O2에서 수직으로 1cm 내리고 C지점과 자연스럽게 곡선연결한다.
		칼라밑 곡선과 밴드의 옆목점선과 교차되는 지점에 R4 생성 (C12-R4 0.2cm)
		R1과 C를 자연스런 곡선을 그려준다.
R1-R2	(7cm)	칼라의 크기 결정선
R2-R3	(1.7cm)	칼라의 각도 결정선, R1-R3 직선연결
R4-R5	(4.9cm)	칼라중간길이, 칼라높이와 0.4cm 차이가 난다.

4

칼라와 밴드의 봉제되는 부분에 0.2cm이세가 있어야 한다. (클래식셔츠칼라)

칼라와 밴드의 이세와 길이조절은 뒷중심을 이동시켜 수정한다.

2) 클래식셔츠

(5) 클래식셔츠 요크생성 – 0 . 5 c m 올리기

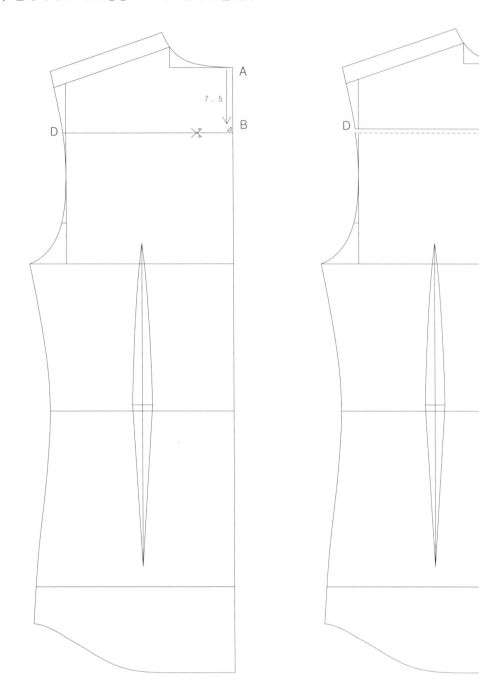

A - B 뒷목 중심점에서 7 . 5 c m 내려 요크절개선을 만든다.
B - 절개한 요크를 0 . 5 c m 올려준다.
(뒷목에서 요크가 올라가는 범위는 0 - 1 c m 로 한다.)

2) 클래식셔츠

(5) 클래식셔츠 요크생성 – 0 . 5 c m 올리기

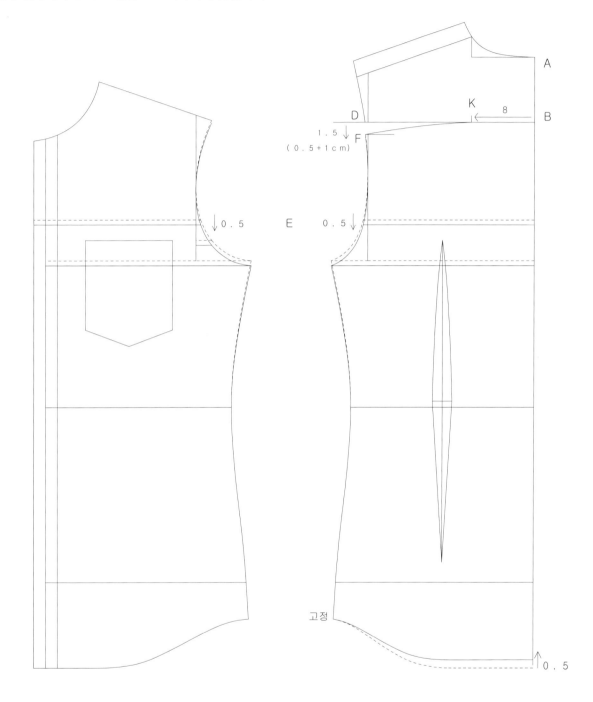

- 요크 0 . 5 c m 를 올리게 되면 뒷기장 0 . 5 c m 길어진다.
- 길어진 0 . 5 c m 는 밑단에서 줄여준다.
B – K 뒷중심에서 8 c m 위치에서 요크 너치를 만들어주며 요크절개선에서 D 에서
  1 . 5 c m 내린다. B – K – F 으로 자연스럽게 그려준다.
F – 요크가 생김으로써 뒤판과 요크 사이에 1 . 5 c m 의 견갑골 다트가 생긴다.
- 뒤판암홀(E) 에서 0 . 5 c m 를 줄였기 때문에 몸판암홀길이가 줄게 된다.
- 줄어든 암홀길이를 보충하기 위해 앞뒤몸판 상동선의 5 c m
  지점에서 0 . 5 c m 씩 내린다.
- 결과적으로 기존 암홀선과 같게 된다.
- 소매너치만 몸판에 맞춰 이동한다.

2) 클래식셔츠

(5) 클래식셔츠 요크생성 - 0.5cm올리기

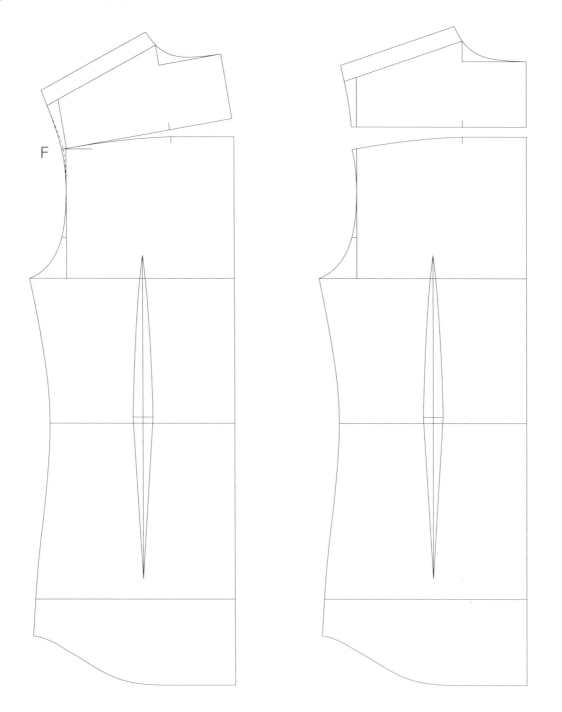

F - 요크와 뒷판이 봉제되었을때 암홀선의 흐름이 자연스럽게 연결한다.

2) 클래식셔츠

(5) 클래식셔츠 요크생성 - 0.5cm올리기

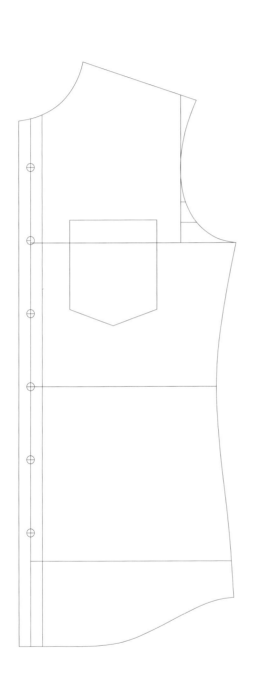
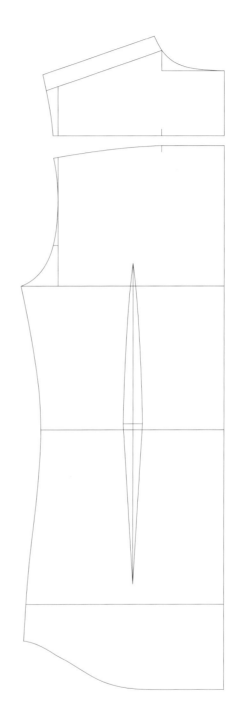

2) 클래식셔츠

(6) 클래식셔츠 사이드턱 - ver . 1

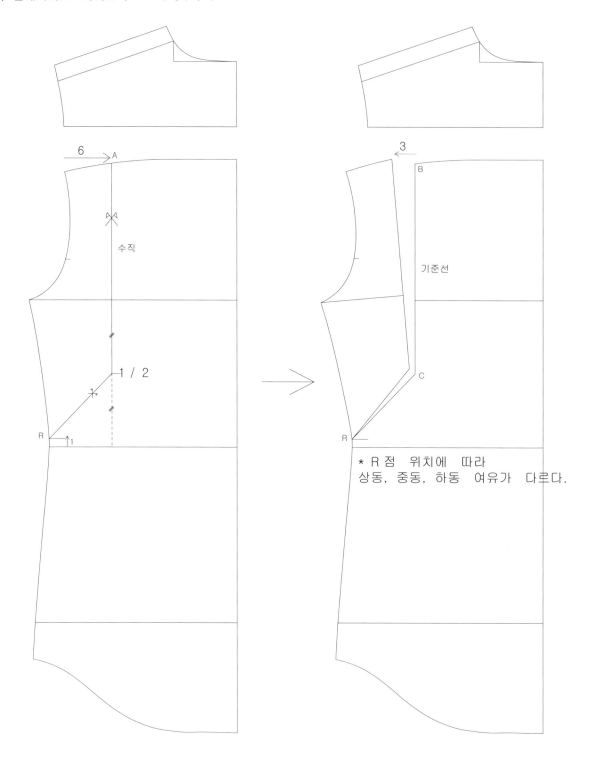

- 뒤판암홀에서 6 c m 이동한 지점에서 중동선까지 수직으로 턱 기초선을 만든다.

R - 턱 기초선에서 상동선과 중동선의 1 / 2 지점과 중동선에서 1 c m 올라간 옆선지점과

연결한다.

A - B 턱 기초선을 따라 절개하고 3 c m 벌린다.

2) 클래식셔츠

(6) 클래식셔츠 사이드턱 - ver.1

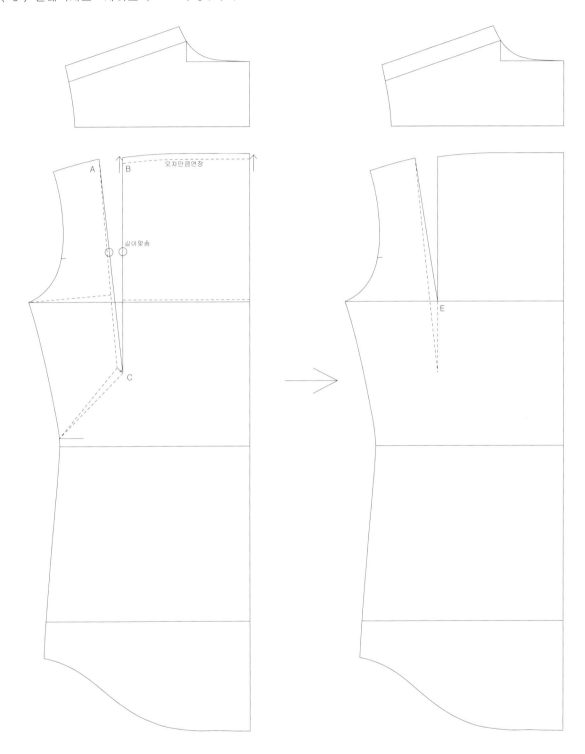

A - C 를 연결하여 턱끝점을 이동시킨다.

 - A - C 와 B - C 의 길이의 차이를 확인하고 그 오차를 B 지점에서   올린다.

E - 다트 끝을 상동선으로 맞추고 턱을 완성한다.

2) 클래식셔츠

(6) 클래식셔츠 사이드턱 - ver.2

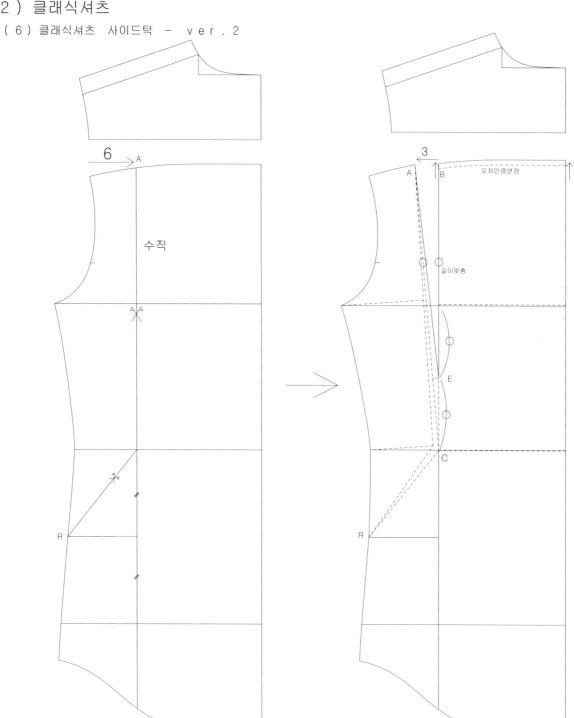

- 허리선C 에서 허리와 힙의 중간지점R 과 연결하여 턱분량 3 c m를 벌려준다.

A - C 를 연결하여 턱끝점을 이동시킨다.

- A - C 와 B - C 의 길이의 차이를 확인하고 그 오차를 B 지점에서   올린다.

E - 다트 끝을 허리선으로 맞추고 턱을 완성한다.

2) 클래식셔츠

(6) 클래식셔츠 사이드턱 - ver. 3

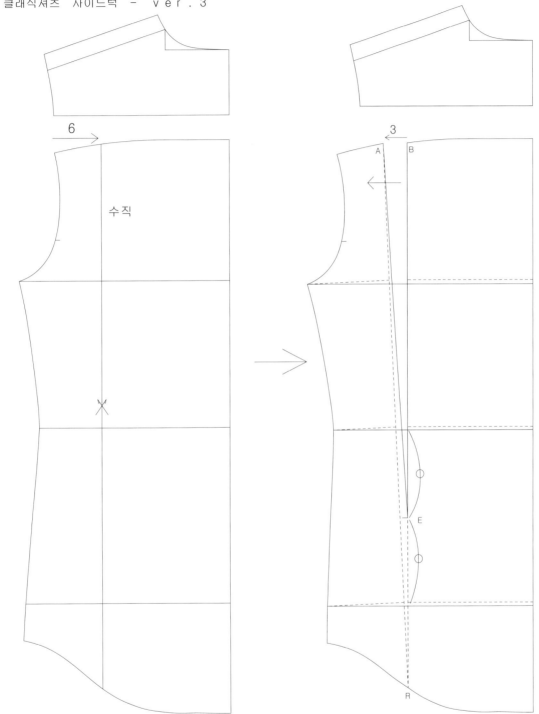

- 사이드 턱은 실루엣을 고려하여 절개 위치를 정하고   원하는 만큼

볼륨을 준다.

- 결과적으로 턱이 생기면 가로와 세로 길이에 볼륨이 생긴다.

2) 클래식셔츠

(7) 클래식셔츠 칼라 - 턱시도칼라

Ver.1

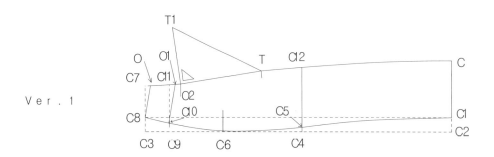

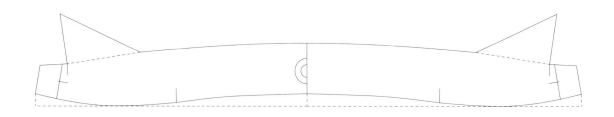

Ver.2

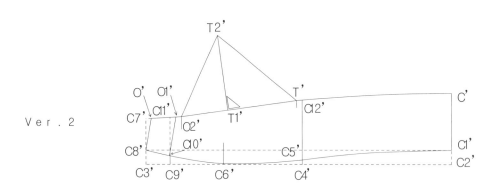

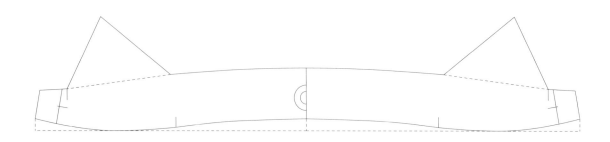

2) 클래식셔츠
(7) 클래식셔츠 칼라

턱시도칼라

1

C-C1	(4cm)	밴드높이
C1-C2	(1cm)	밴드 곡선이 내려가는 분량
C2-C3		앞목둘레 + 뒷목둘레
C2-C4		옆목점위치, (뒷목둘레 + 앞어깨선 넘긴분량 2cm)
C4-C5	(0.3cm)	밴드라인 보조선
C6		C3-C4 1/2지점, 밴드밑단곡이 가장 내려오는 지점
C3-C7	(3.2cm)	밴드앞길이
C3-C8	(1cm)	밴드앞이 올라가는 분량
C3-C9	(1.75cm)	밴드앞에서 1.75cm 평행으로 임의앞중심선을 그린다. (O7-C11 동일치수)
C9-C10	(0.6cm)	밴드밑단곡선을 그리기 위한 보조선
		C8-C10-C6-C5-C1을 따라 자연스런 곡선을 그려준다.
C10-C11	(2.7cm)	밴드 앞중심위치의 두께
C5-C12	(4.2cm)	옆목점 C5에서 4.2cm 연장하여 밴드의 중간지점 높이를 정한다.
		C7-C12-C를 자연스런 곡선을 그려준다.
C7-C11	(0.4cm)	수평으로 0.4cm 이동. (O-O1 생성)
O1-O2	(0.4cm)	칼라 시작 위치
O2-T	(6cm)	턱시도칼라의 폭
O2-T1	(4cm)	밴드선에서 직각으로 4cm 올라가서 T와 연결

2

C'-C1'	(4cm)	밴드높이
C1'-C2'	(1cm)	밴드 곡선이 내려가는 분량
C2'-C3'		앞목둘레 + 뒷목둘레
C2'-C4'		옆목점위치, (뒷목둘레 + 앞어깨선 넘긴분량 2cm)
C4'-C5'	(0.3cm)	밴드라인 보조선
C6'		C3'-C4' 1/2지점, 밴드밑단곡이 가장 내려오는 지점
C3'-C7'	(3.2cm)	밴드앞길이
C3'-C8'	(1cm)	밴드앞이 올라가는 분량
C3'-C9'	(1.75cm)	밴드앞에서 1.75cm 평행으로 임의앞중심선을 그린다. (C7'-C11'동일치수)
C9'-C10'	(0.6cm)	밴드밑단곡선을 그리기 위한 보조선
		C8'-C10'-C6'-C5'-C1'을 따라 자연스런 곡선을 그려준다.
C10'-C11'	(2.7cm)	밴드 앞중심위치의 두께
C5'-C12'	(4.2cm)	옆목점 C5'에서 4.2cm 연장하여 밴드의 중간지점 높이를 정한다.
		C7'-C12'-C'를 자연스런 곡선을 그려준다.
C7'-C11'	(0.4cm)	수평으로 0.4cm이동. (O'-O1'생성)
O1'-O2'	(0.4cm)	칼라 시작 위치
O2'-T1'	(3.5cm)	칼라 시작점에서 3.5cm 이동하여 T1'을 정한다.
O2'-T'	(8.5cm)	턱시도칼라의 폭
T1'-T2'	(5.3cm)	밴드선에서 직각으로 5.3cm 올라간다. (T2' 생성)
		T2'-O2', T2'-T' 직선연결한다.

2) 클래식셔츠

(7) 클래식셔츠 칼라 – 차이나칼라

Ver.1

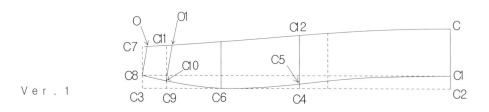

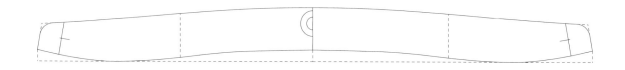

Ver.2

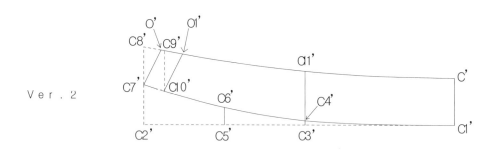

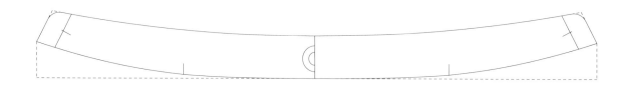

2) 클래식셔츠
(7) 클래식셔츠 칼라

차이나칼라

1

C-C1	(3.3cm)	밴드높이
C1-C2	(0.9cm)	밴드 곡선이 내려가는 분량 (C4-C6-C9-C3 생성)
C2-C3		앞목둘레 + 뒷목둘레
C2-C4		옆목점위치, (뒷목둘레 + 앞어깨선 넘긴 분량 2cm)
C4-C5	(0.3cm)	밴드라인 보조선
C6		C3-C4 1/2지점, 밴드밑단곡이 가장 내려오는 지점
C3-C7	(2.9cm)	밴드앞길이
C3-C8	(0.9cm)	밴드앞이 올라가는 분량
C3-C9	(1.75cm)	밴드앞에서 1.75cm 평행으로 임의앞중심선을 그린다. (C7-C11 동일치수)
C9-C10	(0.5cm)	밴드밑단곡선을 그리기 위한 보조선
		C8-C10-C6-C5-C1을 따라 자연스런 곡선을 그려준다.
C10-C11	(2.5cm)	밴드 앞중심위치의 두께
C5-C12	(3.4cm)	옆목점 C5에서 3.4cm 연장하여 밴드의 중간지점 높이를 정한다.
		C7-C12-C를 자연스런 곡선을 그려준다.
C7-O	(0.4cm)	앞판목과 봉제했을 때 앞중심과의 직선이 되는 위치
		C11-O1도 동일하게 이동

2

C'-C1'	(3.3cm)	밴드높이 (C3'-C5'-C2' 생성)
C1'-C2'		앞목둘레 + 뒷목둘레
C1'-C3'		옆목점위치, (뒷목둘레 + 앞어깨선 넘긴 분량 2cm)
C3'-C4'	(0.3cm)	밴드라인 보조선
C5'		C3'-C2' 1/2지점,
C5'-C6'	(1.2cm)	밴드라인 보조선
C2'-C7'	(2.8cm)	밴드앞이 올라가는 분량
		C7'-C6'-C4'-C1' 곡선연결
C7'-C8'	(2.6cm)	밴드앞길이
C8'-C9'	(1.75cm)	밴드앞에서 1.75cm 평행으로 임의앞중심선을 그린다. (C7'-C10' 동일치수)
C9'-C10'	(2.8cm)	밴드 앞중심위치의 두께
C4'-C11'	(3.2cm)	옆목점 C4'에서 3.2cm 연장하여 밴드의 중간지점 높이를 정한다.
C8'-O'	(1.3cm)	앞판목과 봉제했을 때 앞중심과의 직선이 되는 위치
		C9'-O1'도 동일하게 이동

2) 클래식셔츠

(7) 클래식셔츠 칼라 - 2 버튼칼라

1

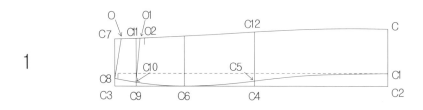

2

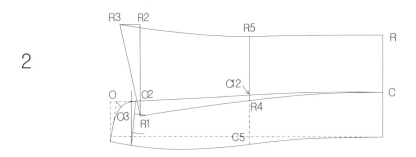

3

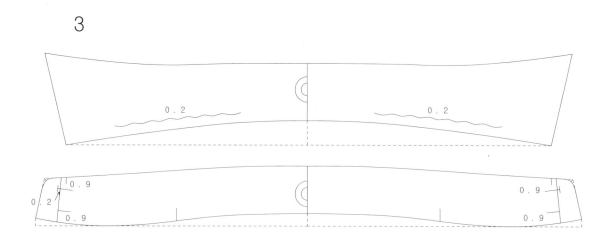

2) 클래식셔츠
(7) 클래식셔츠 칼라

2버튼칼라

1

C-C1	(3.5cm)	밴드높이
C1-C2	(1cm)	밴드 곡선이 내려가는 분량
C2-C3		앞목둘레 + 뒷목둘레
C2-C4		옆목점위치, (뒷목둘레 + 앞어깨선 넘긴 분량 2cm)
C4-C5	(0.4cm)	밴드라인 보조선
C6		C3-C4 1/2지점, 밴드밑단곡이 가장 내려오는 지점
C3-C7	(3.7cm)	밴드앞길이
C3-C8	(0.6cm)	밴드앞이 올라가는 분량
C3-C9	(1.75cm)	밴드앞에서 1.75cm 평행으로 임의앞중심선을 그린다. (C7-C11 동일치수)
C9-C10	(0.3cm)	밴드밑단곡선을 그리기 위한 보조선
		C8-C10-C6-C5-C1을 따라 사연스런 곡선을 그려준다.
C10-C11	(3.4cm)	밴드 앞중심위치의 두께
C5-C12	(3.8cm)	옆목점 C5에서 3.8cm 연장하여 밴드의 중간지점 높이를 정한다.
		C7-C12-C를 자연스런 곡선을 그려준다.
C7-O	(0.7cm)	앞판목과 봉제했을 때 앞중심과의 자연스럽게 연결 되는 선
C11-O1	(0.3cm)	앞판목과 봉제했을 때 앞중심과의 직선이 되는 위치
O1-O2	(0.3cm)	칼라 봉제 위치

2

O-O3	(0.5cm)	밴드앞의 자연스러운 곡선의 위치
C-R	(4.5cm)	칼라의 두께, 뒷중심위치 (R4-R1생성)
O2-R1	(1.2cm)	O2에서 수직으로 1.2cm 내리고 C지점과 자연스럽게 곡선연결한다.
		칼라밑 곡선과 밴드의 옆목점선과 교차되는 지점에 R4 생성 (C12-R4 0.4cm)
R1-R2	(7.2cm)	칼라의 크기 결정선
R2-R3	(1.7cm)	칼라의 각도 결정선, R1-R3 직선연결
R4-R5	(5cm)	칼라중간길이, 칼라 높이와 차이가 난다.

3

칼라와 밴드의 봉제되는 부분에 0.2cm이세가 있어야 한다.
칼라와 밴드의 이세와 길이조절은 뒷중심을 이동시켜 수정한다.

단추

O1-C10선상에서 위,아래에서 0.9cm 이동하여 단추위치를 정한다.
첫 번째 단추에서 앞쪽으로 0.2cm 이동하여, 단추구멍을 표시한다.

2) 클래식셔츠

(7) 클래식셔츠 칼라 - 3 버튼칼라

1

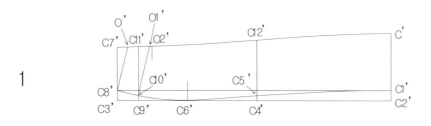

2

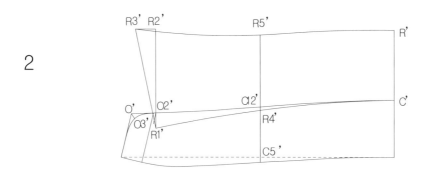

3

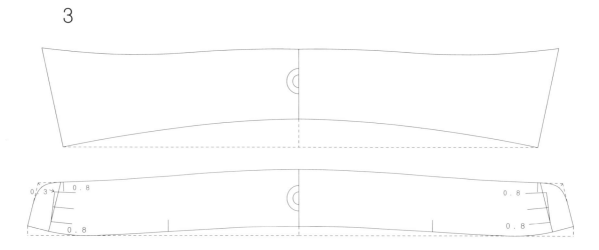

2) 클래식셔츠
(7) 클래식셔츠 칼라

3버튼칼라

1

C'-C1'	(4.5cm)	밴드높이
C1'-C2'	(0.8cm)	밴드 곡선이 내려가는 분량
C2'-C3'		앞목둘레 + 뒷목둘레
C2'-C4'		옆목점위치, (뒷목둘레 + 앞어깨 넘긴 분량 2cm)
C4'-C5'	(0.4cm)	밴드라인 보조선
C6'		C3'-C4' 1/2지점, 밴드밑단곡이 가장 내려오는 지점
C3'-C7'	(4.2cm)	밴드앞길이
C3'-C8'	(0.8cm)	밴드앞이 올라가는 분량
C3'-C9'	(1.75cm)	밴드앞에서 1.75cm 평행으로 임의앞중심선을 그린다. (C7'-C11'동일치수)
C9'-C10'	(0.4cm)	밴드밑단곡선을 그리기 위한 보조선
		C8'-C10'-C6'-C5'-C1'을 따라 자연스런 곡선을 그려준다.
C10'-C11'	(3.9cm)	밴드 앞중심위치의 두께
C5'-C12'	(4.4cm)	옆목점 C5'에서 4.4cm 연장하여 밴드의 중간지점 높이를 정한다.
		C7'-C12'-C'를 자연스런 곡선을 그려준다.
C7'-O'	(0.9cm)	앞판목과 봉제했을 때 앞중심과의 자연스럽게 연결 되는 선
		C11'-O1'도 동일하게 이동
O1'-O2'	(0.2cm)	칼라 봉제 위치

2

O'-O3'	(0.5cm)	밴드앞의 자연스러운 곡선의 위치
C'-R'	(5.5cm)	칼라의 두께, 뒷중심위치 (R4'-R1' 생성)
O2'-R1'	(1.2cm)	O2'에서 수직으로 1.2cm 내리고 C'지점과 자연스럽게 곡선연결한다.
		칼라밑 곡선과 밴드의 옆목점선과 교차되는 지점에 R4' 생성
R1'-R2'	(7.8 cm)	칼라의 크기 결정선
R2'-R3'	(1.7cm)	칼라의 각도 결정선, R1'-R3' 직선연결
R4'-R5'	(5.9cm)	칼라중간길이, 칼라높이와 차이가 난다.

3

칼라와 밴드의 봉제되는 부분에 0.2cm이세가 있어야 한다.
칼라와 밴드의 이세와 길이조절은 뒷중심을 이동시켜 수정한다.

단추

O1'-C10'선상에서 위,아래에서 0.8cm 이동하여 단추위치를 정한다.
첫 번째 단추와 마지막 단추 간격의 중간지점에 두 번째 단추가 생긴다.
첫 번째 단추에서 앞쪽으로 0.3cm 이동하여 단추구멍을 표시한다.

2) 클래식셔츠

(7) 클래식셔츠 칼라 - 와이드칼라

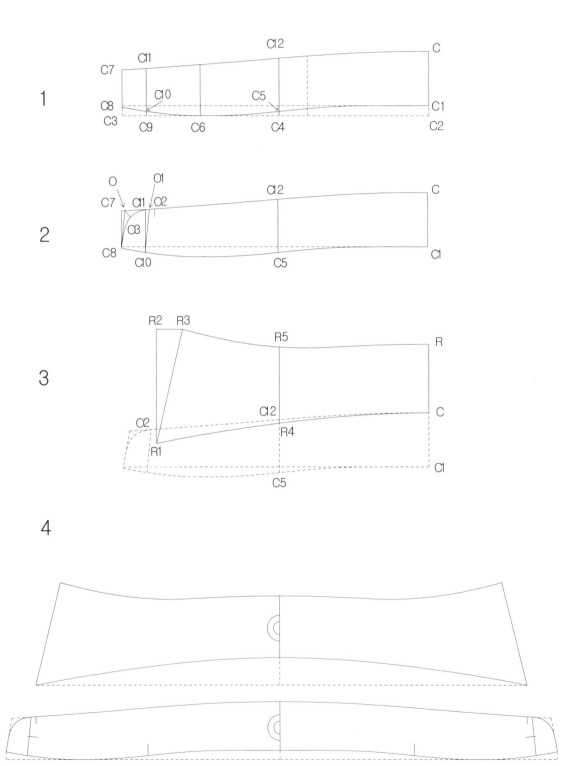

2) 클래식셔츠
(7) 클래식셔츠 칼라

와이드칼라

1

C-C1	(3.8cm)	밴드높이
C1-C2	(0.7cm)	밴드 곡선이 내려가는 분량
C2-C3		앞목둘레 + 뒷목둘레
C2-C4		옆목점위치, (뒷목둘레 + 앞어깨선 넘긴 분량 2cm)
C4-C5	(0.3cm)	밴드라인 보조선
C6		C3-C4 1/2지점, 밴드밑단곡이 가장 내려오는 지점
C3-C7	(3.2cm)	밴드앞길이
C3-C8	(0.6cm)	밴드앞이 올라가는 분량
C3-C9	(1.75cm)	밴드앞에서 1.75cm 평행으로 임의앞중심선을 그린다. (C7-C11 동일치수)
C9-C10	(0.3cm)	밴드밑단곡선을 그리기 위한 보조선
		C8-C10-C6-C5-C1을 따라 자연스런 곡선을 그려준다.
C10-C11	(3cm)	밴드 앞중심위치의 두께
C5-C12	(3.7cm)	옆목점 C5에서 3.7cm 연장하여 밴드의 중간지점 높이를 정한다.
		C7-C12-C를 자연스런 곡선을 그려준다.

2

C7-O	(0.3cm)	앞판목과 봉제했을 때 앞중심과의 직선이 되는 위치
		C11-O1도 동일하게 이동
O1-O2	(0.4cm)	칼라 봉제 위치
O-O3	(0.6cm)	밴드앞의 자연스러운 곡선의 위치

3

C-R	(4.8cm)	칼라의 두께, 뒷중심위치 (R4-R1 생성)
O2-R1	(1cm)	O2에서 수직으로 1cm 내리고 C지점과 자연스럽게 곡선연결한다.
		칼라밑 곡선과 밴드의 옆목점선과 교차되는 지점에 R4 생성 (C12-R4 0.3cm)
R1-R2	(8 cm)	칼라의 크기 결정선
R2-R3	(2.5cm)	칼라의 각도 결정선, R1-R3 직선연결
R4-R5	(5.3cm)	칼라중간길이, 칼라높이와 차이가 난다.

4

칼라와 밴드의 봉제되는 부분에 0.2cm이세가 있어야 한다.

칼라와 밴드의 이세와 길이조절은 뒷중심을 이동시켜 수정한다.

2) 클래식셔츠

(7) 클래식셔츠 칼라 – 버튼다운칼라

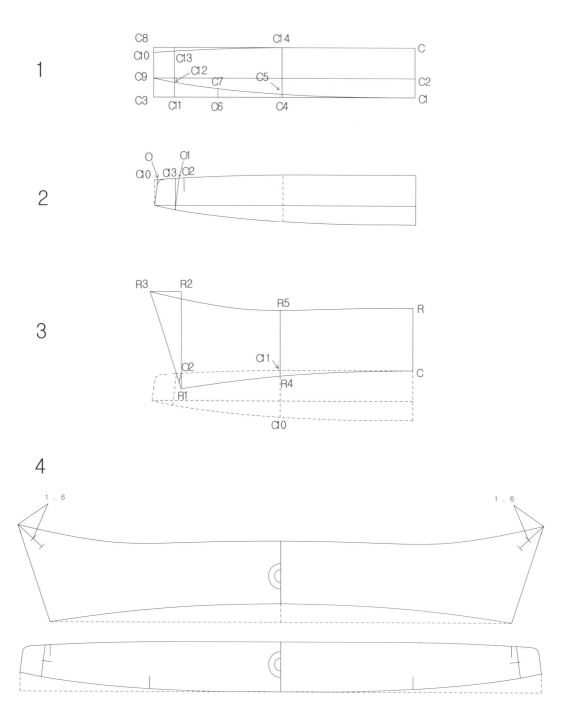

2) 클래식셔츠
(7) 클래식셔츠 칼라

버튼다운칼라

1

C-C1	(3.9cm)	밴드높이
C1-C2	(1.5cm)	밴드 곡선이 올라가는 분량
C1-C3		앞목둘레 + 뒷목둘레
C1-C4		옆목점위치, (뒷목둘레 + 앞어깨 넘긴 분량 2cm)
C4-C5	(0.2cm)	밴드라인 보조선
C6		C3-C4 1/2지점, 밴드밑단곡이 가장 내려오는 지점
C6-C7	(0.6cm)	밴드라인 보조선
C3-C8	(3.9cm)	밴드앞길이 보조선
C3-C9	(1.5cm)	밴드앞이 올라가는 분량
C8-C10	(0.4cm)	밴드앞길이 보조선
C3-C11	(1.75cm)	밴드앞에서 1.75cm 평행으로 임의앞중심선을 그린다. (C8-C13 동일치수)
C11-C12	(1.1cm)	밴드밑단곡선을 그리기 위한 보조선
		C9-C12-C7-C5-C1을 따라 자연스런 곡선을 그려준다.
C12-C13	(2.4cm)	밴드 앞중심위치의 두께
C5-C14	(3.7cm)	옆목점 C5에서 3.7cm 연장하여 밴드의 중간지점 높이를 정한다.
		C10-C14-C를 자연스런 곡선을 그려준다.

2

C10-O	(0.3cm)	앞판목과 봉제했을 때 앞중심과의 자연스럽게 연결 되는 선
C13-O1	(0.3cm)	앞판목과 봉제했을 때 앞중심과의 직선이 되는 위치
O1-O2	(0.4cm)	칼라 봉제 위치

3

C-R	(4.9cm)	칼라의 두께, 뒷중심위치 (R4-R1 생성)
O2-R1	(1.2cm)	O2에서 수직으로 1.2cm 내리고 C지점과 자연스럽게 곡선연결한
	다.	칼라밑 곡선과 밴드의 옆목점선과 교차되는 지점에 R4 생성 (C11-R4 0.5cm)
R1-R2	(7.6cm)	칼라의 크기 결정선
R2-R3	(2.6cm)	
R4-R5	(5.2cm)	칼라중간길이, 칼라높이와 차이가 난다.

4

칼라와 밴드의 봉제되는 부분에 0.2cm이세가 있어야 한다.
칼라와 밴드의 이세와 길이조절은 뒷중심을 이동시켜 수정한다.

버튼다운단추
칼라 단추위치는 칼라끝에서 1/2지점으로 1.6cm 이동하여 단추구멍위치를 정한다.

2) 클래식셔츠

(7) 클래식셔츠 칼라 - 좁은칼라

1
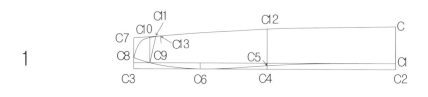

2
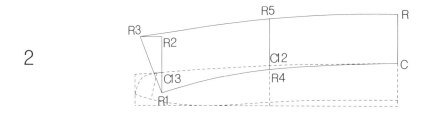

3
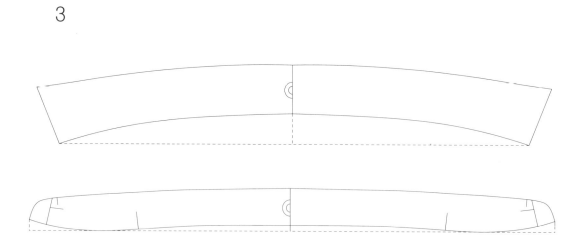

2) 클래식셔츠
(7) 클래식셔츠 칼라

좁은칼라

1

C-C1	(3cm)	밴드높이
C1-C2	(0.5cm)	밴드 곡선이 내려가는 분량
C2-C3		앞목둘레 + 뒷목둘레
C2-C4		옆목점위치, (뒷목둘레 + 앞어깨 넘긴 분량 2cm)
C4-C5	(0.3cm)	밴드라인 보조선
C6		C3-C4 1/2지점, 밴드밑단곡이 가장 내려오는 지점
C3-C7	(2.5cm)	밴드앞길이
C3-C8	(0.9cm)	밴드앞이 올라가는 분량
C8-C9	(1.4cm)	밴드앞에서 1.4cm 평행으로 임의앞중심선을 그린다. (C7-C10 동일치수)
C9-C10	(2.1cm)	밴드밑단곡선을 그리기 위한 보조선
		C8-C9-C6-C5-C1을 따라 자연스런 곡선을 그려준다.
C10-C11	(0.5cm)	앞판목과 봉제했을 때 앞중심과의 직선이 되는 위치 (C11-C9 직선연결)
C9-C11	(2.25cm)	밴드 앞중심위치의 두께
C5-C12	(3cm)	옆목점 C5에서 3cm 연장하여 밴드의 중간지점 높이를 정한다.
		C11-C12-C를 자연스런 곡선을 그려준다.
C11-C13	(0.4cm)	칼라 봉제 위치

2

C-R	(4.2cm)	칼라 두께, 뒷중심 위치 (R4-R1 생성)
C13-R1	(1.7cm)	C13에서 수직으로 1.7cm 내리고 R1-C 자연스런 곡선으로 연결한다.
		옆목점 선상과 교차점에서 R4생성 (C12-R4 0.3cm)
R1-R2	(4.6cm)	칼라크기 결정선.
R2-R3	(1.9cm)	칼라각도 결정선. R-R3 직각연결.
R4-R5	(4.1cm)	칼라 중간 길이.
		R3-R5-R 자연스런 곡선으로 칼라를 그려준다.

2) 클래식셔츠

(7) 클래식셔츠 칼라 – 이탈리안칼라

1
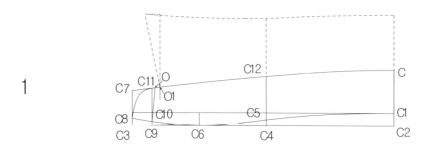

2
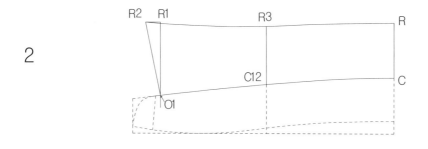

3
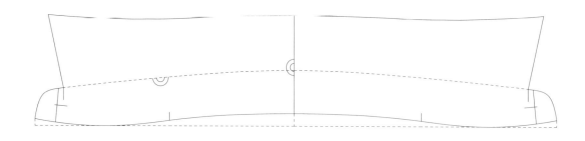

- 우아에리를 골선으로 쓰고 지에리는 밴드와 칼라를

분리해서 사용해도 된다.

2) 클래식셔츠
(7) 클래식셔츠 칼라

이탈리안칼라

1

C-C1	(3.5cm)	밴드높이
C1-C2	(1cm)	밴드 곡선이 내려가는 분량
C2-C3		앞목둘레 + 뒷목둘레
C2-C4		옆목점위치, (뒷목둘레 + 앞어깨 넘긴 분량 2cm)
C4-C5	(0.45cm)	밴드라인 보조선
C6		C3-C4 1/2지점, 밴드밑단곡이 가장 내려오는 지점
C3-C7	(2.8cm)	밴드앞길이
C3-C8	(0.5cm)	밴드앞이 올라가는 분량
C3-C9	(1.75cm)	밴드앞에서 1.75cm 평행으로 임의앞중심선을 그린다. (C7-C11 동일치수)
C9-C10	(0.3cm)	밴드밑단곡선을 그리기 위한 보조선
		C8-C10-C6-C5-C1을 따라 자연스런 곡선을 그려준다.
C10-C11	(2.7cm)	밴드 앞중심위치의 두께
C5-C12	(3.6cm)	옆목점 C5에서 3.6cm 연장하여 밴드의 중간지점 높이를 정한다.
		C11-C12-C를 자연스런 곡선을 그려준다.
C11-O	(0.2cm)	앞판목과 봉제했을 때 앞중심과의 직선이 되는 위치
O-O1	(0.4cm)	칼라봉제위치

2

C-R	(3.3cm)	칼라두께, 뒷중심위치.
O1-R1	(6cm)	칼라크기 결정선.
R1-R2	(1.3cm)	칼라 각도 결정선. O1-R2 직선연결.
C12-R3	(3.4cm)	칼라중간길이.
		R2-R3-R 자연스런 곡선을 이용하여 칼라를 그려준다.

2) 클래식셔츠

(8) 클래식셔츠 칼라키퍼

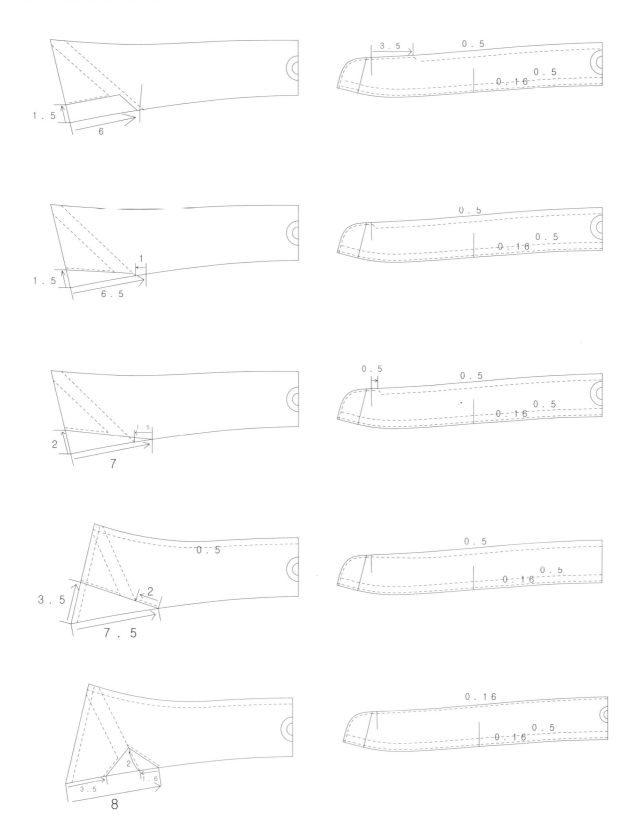

2) 클래식셔츠

(8) 클래식셔츠 칼라키퍼 / 커프스
  TIP) 칼라키퍼의 구성

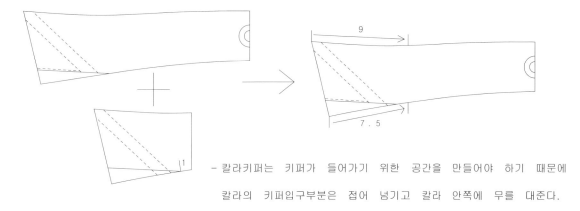

– 칼라키퍼는 키퍼가 들어가기 위한 공간을 만들어야 하기 때문에
칼라의 키퍼입구부분은 접어 넘기고 칼라 안쪽에 무를 대준다.

커프스 – 손목둘레 완성사이즈는 22cm로 한다.

2) 클래식셔츠

(1 0) 클래식셔츠 그레이딩

편차

어깨　2cm

품　　5cm

소매기장 1.3cm

소매통　 1.3cm

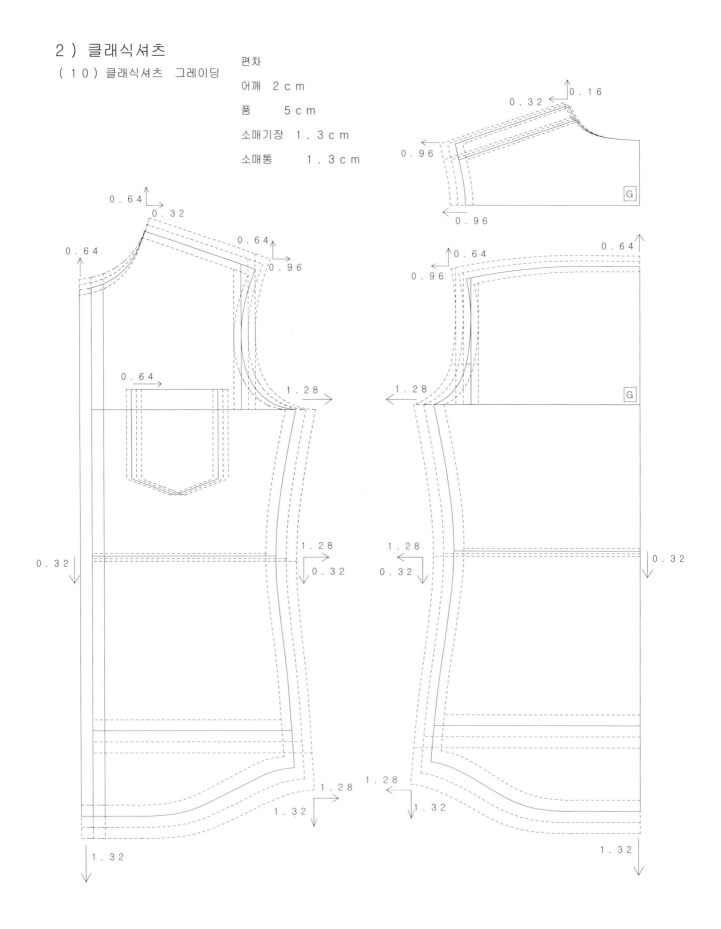

2) 클래식셔츠

(1 0) 클래식셔츠 그레이딩

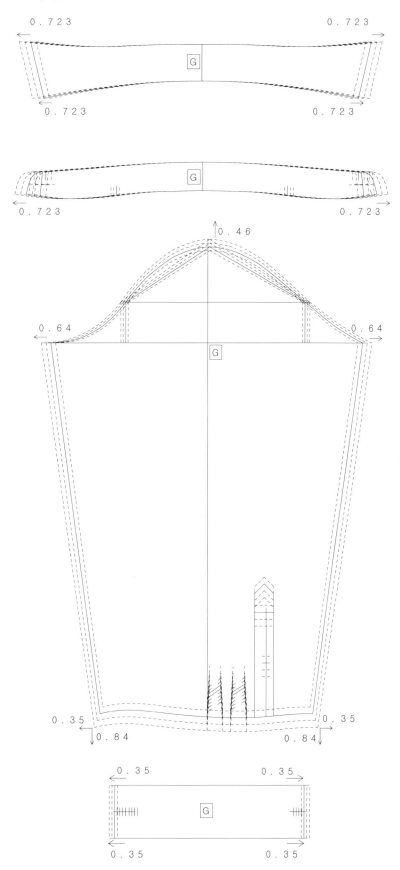

2) 클래식셔츠

(9) 클래식셔츠 시접

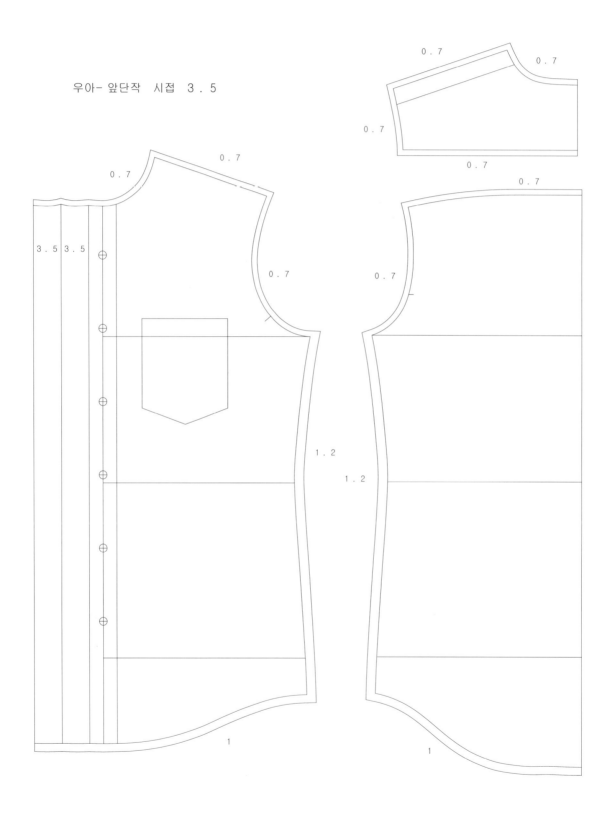

우아- 앞단작 시접 3.5

2) 클래식셔츠

(9) 클래식셔츠 시접

시다- 앞단작 시접 3

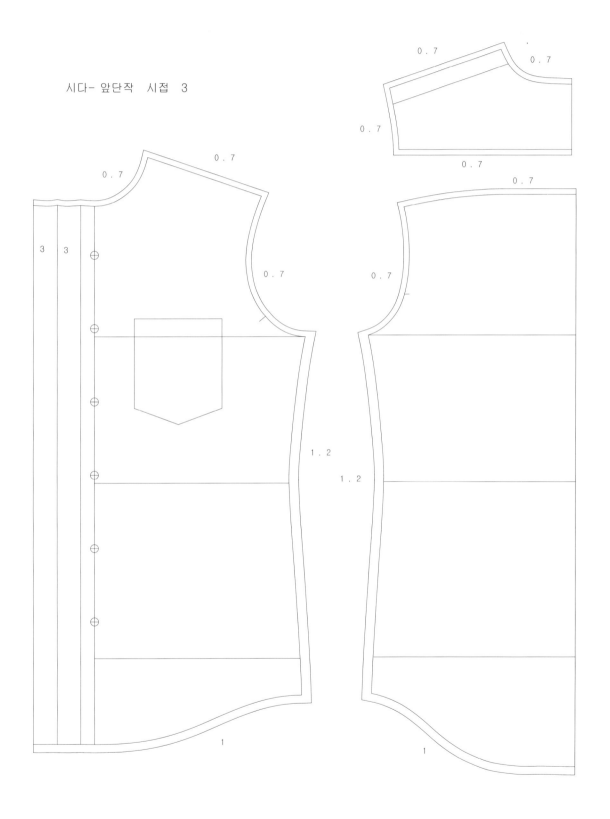

2) 클래식셔츠

(9) 클래식셔츠 시접

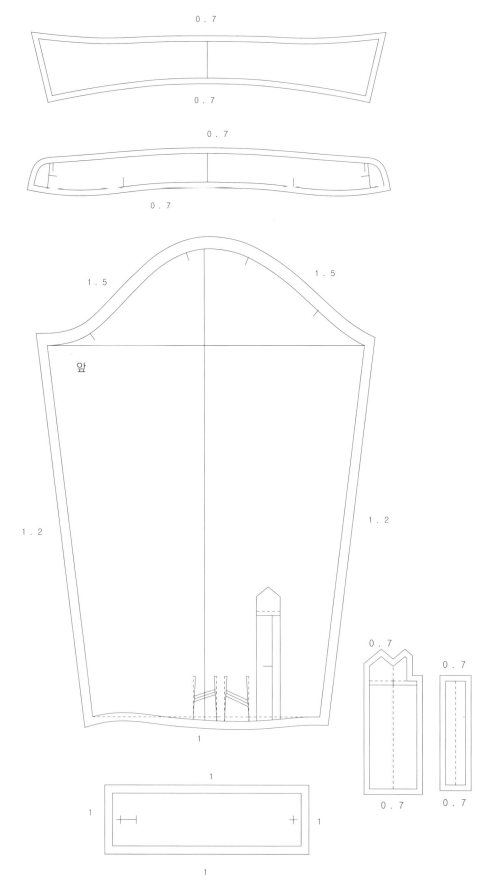

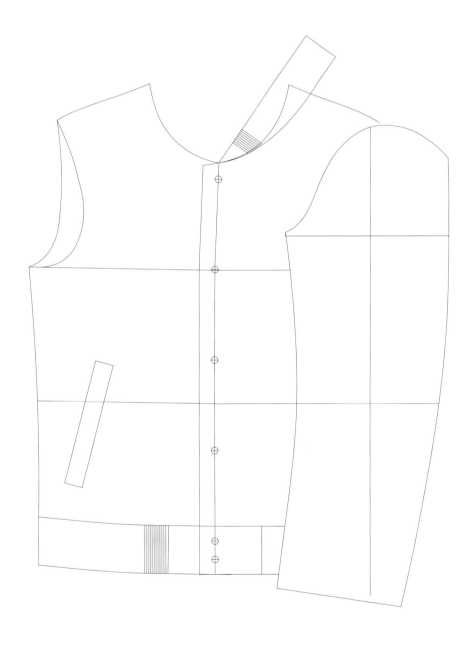

1) 기본　점퍼

(1)　기본점퍼　뒤판제도

신장　　　　　　　1 7 8 c m

가슴둘레(B)　　9 2 c m

허리둘레(W)　　8 0 c m

엉덩이둘레(H)　9 3 c m

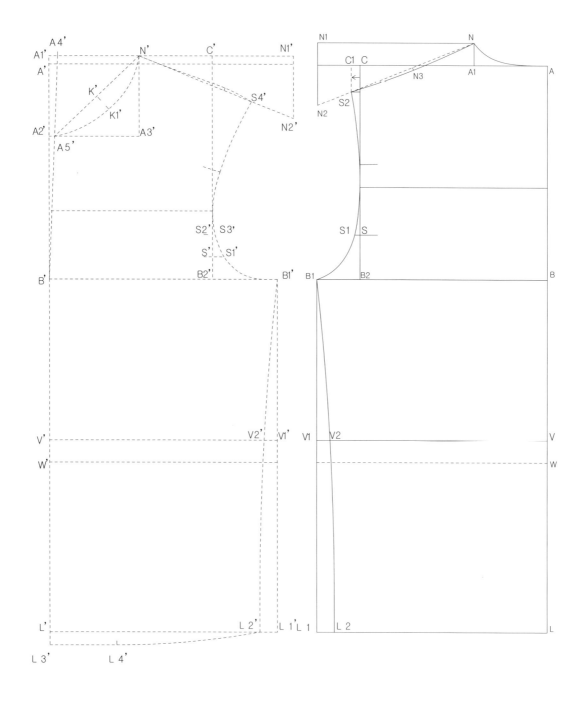

1) 기본점퍼
(1) 기본점퍼 뒤판 제도

신장	178cm
가슴둘레(B)	92cm
허리둘레(W)	80cm
엉덩이둘레(H)	93cm

뒤판

A-B	(24cm)	진동깊이
A-W	(44.5cm)	등에서 실제허리위치이며, 등길이위치이기도 하다.
W-V	(2.5cm)	실제허리에서 2.5cm 올라간 지점으로 옆허리선위치, 뒷목에서 42cm 지점
A-L	(63.5cm)	뒷중심선, 캐주얼 점퍼 기장63.5cm
B-B1	(26.5cm)	B/4 + 여유분 3.5cm (V1, L1생성)
V1-V2	(1.5cm)	허리선에서 안쪽으로 1.5cm 이동한 지점
L1-L2	(2cm)	옆밑단선에서 안쪽으로 2cm 이동한 지점
B-B2	(21.5cm)	등품, A지점 수평선과 교차점 (C 생성)
B2-S	(5cm)	가슴선에서 등품선을 따라 5cm 올라간 지점
S-S1	(0.6cm)	암홀선을 그리기 위한 위치보조선
A-A1	(8.4cm)	뒷목너비
A1-N	(2.5cm)	뒤판옆목점
N-N1	(18cm)	어깨 각도를 맞추기 위한 보조선
N1-N2	(7cm)	뒤판 어깨 각도 7cm (N-N2 어깨 보조선연결)
C-C1	(1cm)	어깨끝 위치를 정하기 위한 보조선
S2		어깨끝점, C1에서 수직으로 내려 N-N2 어깨보조선과 교차되는 지점이다.
N3	(0.3cm)	어깨중점에서 직각선 안으로 0.3cm 이동하여 어깨곡선 그리기
S2-S1-B1		암홀라인, 자연스런 곡선으로 그린다.

1) 기본 점퍼

(2)   기본점퍼 앞판제도

신장   178cm

가슴둘레(B)   92cm

허리둘레(W)   80cm

엉덩이둘레(H)   93cm

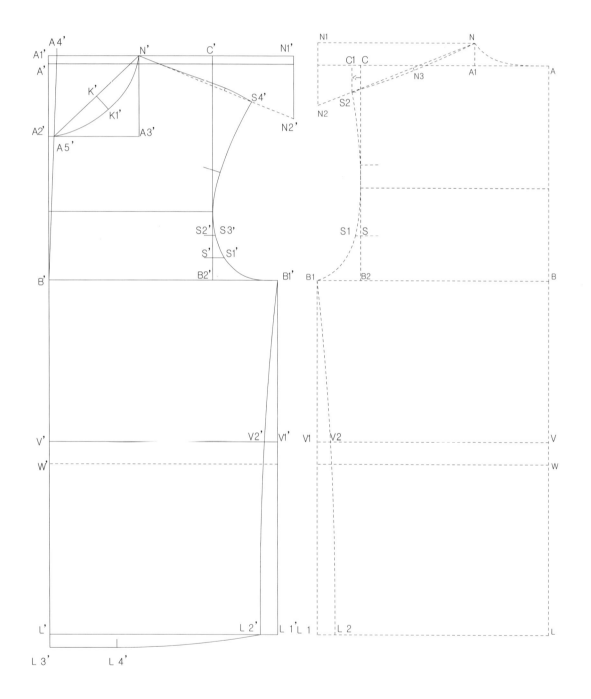

1) 기본점퍼
(2) 기본점퍼 앞판 제도

신장	178cm
가슴둘레(B)	92cm
허리둘레(W)	80cm
엉덩이둘레(H)	93cm

앞판

A'-B'	(24cm)	진동깊이
A'-W'	(44.5cm)	등에서 실제허리위치이며, 등길이위치이기도 하다.
W'-V'	(2.5cm)	실제허리에서 2.5cm 올라간 지점으로 옆허리선위치
A'-A1'	(1cm)	뒤목중심 보조선에서 1cm 올라간 지점으로 앞넥크보조선
A'-L'	(63.5cm)	힙둘레선
B'-B1'	(26.5cm)	B/4 + 여유분 3.5cm (V1', L1' 생성)
V1'-V2'	(1.5cm)	허리선에서 안쪽으로 1.5cm 이동한 지점
L1'-L2'	(2cm)	옆밑단선에서 안쪽으로 2cm 이동한 지점
B'-B2'	(19cm)	앞품, A'지점 수평선과 교차점 (C' 생성)
B2'-S'	(2.5cm)	가슴선에서 앞품선을 따라 2.5cm 올라간 지점
S'-S1'	(1.3cm)	암홀선을 그리기 위한 위치보조선
B2'-S2'	(5cm)	가슴선에서 앞품선을 따라 5cm 올라간 지점
S2'-S3'	(0.3cm)	암홀선을 그리기 위한 위치보조선
A-A1'	(1cm)	앞높이
A1'-A2'	(9cm)	앞목깊이
A2'-A3'	(10.4cm)	앞옆목너비
A1'-A4'	(1cm)	앞중심선 이동 (A4'-B'직선연결)
K'		앞목라인을 그리기 위한 보조선 (N'-A5'연결 후 이등분지점에서 K'생성)
K'-K1'	(2cm)	앞목라인을 그리기 위한 보조선. 앞목라인을 자연스럽게 그린다.
N'-N1'	(18cm)	어깨 각도를 맞추기 위한 보조선
N1'-N2'	(7cm)	앞판 어깨 각도 7cm (N'-N2' 어깨 보조선연결)
		(앞판과 뒤판의 어깨각도 합이 평균 14cm로 한다.)
N'-S4'		뒤판 N-S2와 어깨길이 -1cm 지점. 앞품선의 어깨선 0.3cm 올려서 자연스럽게 그린다
L'-L3'	(1.5cm)	앞처짐
L3'-L4'	(10cm)	L4'-L2'자연스럽게 그린다

1) 기본 점퍼

(3)   기본점퍼 소매 제도

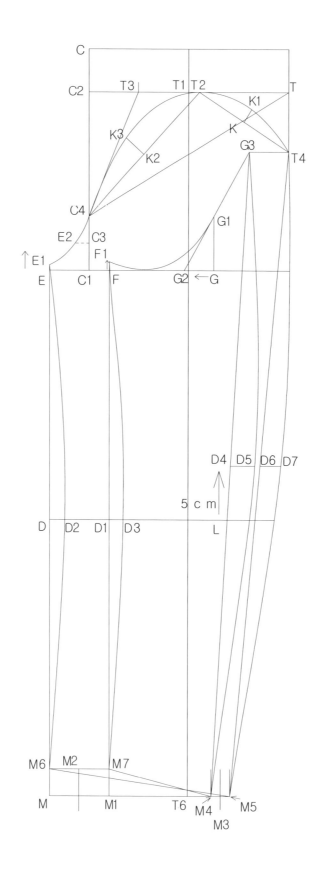

1) 기본점퍼
(3) 기본점퍼 소매 제도

큰소매

C–C1	(20.5cm)	앞판어깨 S4'와 뒤판어깨 S2를 직선연결하고 S4'–S2의 1/2 지점에서 상동선까지
		수직으로 내린 길이이다. C1에서 임의의 수평선을 그린다.
C–C2	(4cm)	소매산 높이
C1–E	(3.8cm)	앞판상동선을 따라 3.8cm 이동한다.
E–E1	(0.5cm)	수직으로 0.5cm 올린다.
C1–C3	(2.5cm)	큰소매암홀의 보조선위치
C3–E2	(1.3cm)	큰소매암홀의 보조선, 몸판과 봉제시 너치위치
C3–C4	(2.5cm)	큰소매의 암홀의 그리기 위한 위치
C4–T	(22.2cm)	C–C1길이 + 1.7cm, C4지점에서 C2수평선과 22.2cm가 접하는 지점
T1		C2–T의 1/2지점
T1–T2	(1cm)	소매암홀곡선의 정점위치, C4와 직선연결
T3		C2–T1의 1/2지점, C4와 직선연결
T–T4	(5.5cm)	C2–C1의 1/3지점이다.
K		T2–T4의 1/2지점
K2		T2–C4의 1/2지점
K–K1	(1.4cm)	큰뒤소매암홀을 그리기 위한 보조선
K2–K3	(2.2cm)	큰앞소매암홀을 그리기 위한 보조선 (2.2cm~2.5cm)
		E1–E2–C4–T2–K1–T4 자연스런 곡선으로 큰소매암홀을 그린다.

작은소매

C1–F	(2cm)	작은소매 시작점
F–F1	(0.8cm)	F에서 수직으로 0.8cm 올린다.
F–G	(9.9cm)	옆판B1'–B2' (7.5cm) , + 뒤판B1–B2 (5cm) = 12.5cm – C1–F(2cm) – S–S1(0.6cm)= 9.9cm지점
G–G1	(5cm)	뒤판 B2–S의 길이와 동일
G–G2	(2.8cm)	작은소매암홀 각도위치
		G1과 직선연결하면서 수평선상에서 만난다. (G3생성)
		F1–G1까지 곡선, G1–G3까지는 직선을 유지하여 작은소매의 암홀을 그린다.
T1–T6	(65cm)	소매기장, T6지점에서 임의의 수평선을 만든다.
M		E지점에서 수직으로 내린 선
M1		F지점에서 수직으로 내린 선
M–M6	(2.5cm)	M–M1까지 수평으로 2.5cm 올린다. F에서도 수직으로 내려 M7생성
M2		M6–M7 1/2지점
M2–M3	(13.5cm)	소매부리 27cm/2
M3–M4	(0.9cm)	작은소매 부리끝점 M7–M4 연결
M3–M5	(0.9cm)	큰소매 부리끝점 M6–M5 연결
		M6–M5 직선연결하여 큰소매밑단선 완성, M7–M4 직선연결하여 작은소매밑단선 완성
D		팔꿈치위치, E–M6 1/2지점 O지점에서 임의의 수평선을 그린다.
		F–M7 수직선와 교차점 O1생성
D–D2	(1.5cm)	큰소매 인심 곡선을 그리기 위한 보조선
D1–D3	(1.5cm)	작은소매 인심 곡선을 그리기 위한 보조선
L–D4	(5cm)	팔꿈치보조선 G3–M4 교차점
D4–D5	(2.3cm)	작은소매 아웃심 곡선을 그리기 위한 보조선
D6–D7	(2cm)	큰소매 아웃심 곡선을 그리기 위한 보조선

1) 기본 점퍼

(3) 기본점퍼 소매제도 – 소매산 높이

Ver . 1

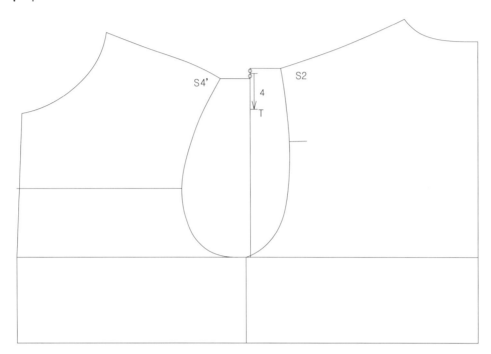

Ver . 2

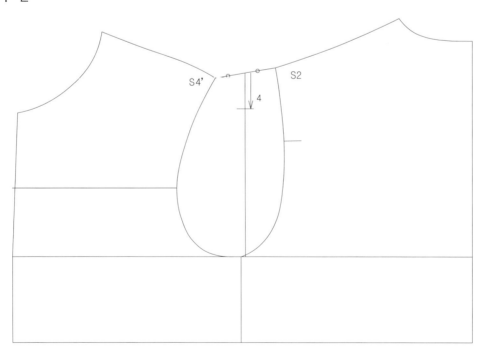

1) 기본 점퍼

(3) 기본점퍼 소매제도 – 이세 확인 및 넛치 표시

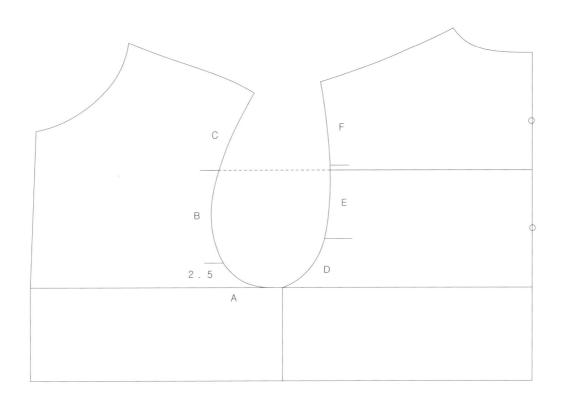

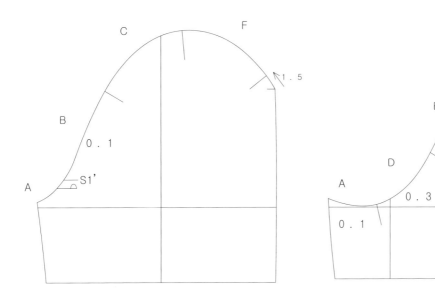

S1'에서 0.8cm 내려서 너치표시

D－E 이세량을 1cm정도 준다.

1) 기본 점퍼
(3) 기본점퍼 소매제도 – 소매산 1 c m내림

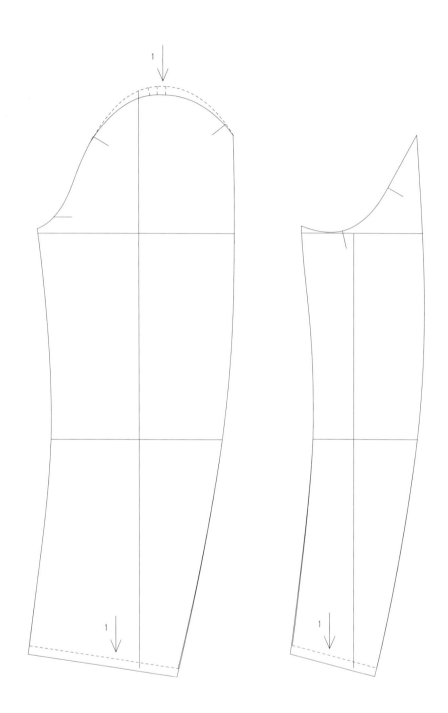

소매산 1 c m내리고 소매기장 1 c m내린다.
0 . 7 c m소매산 이세가 발생한다.

1) 기본 점퍼

(3) 기본점퍼 소매제도 – 소매산 1 c m 내림

0 . 7 이세

1) 기본 점퍼

(3) 기본점퍼 소매제도 – 소매산 1.5cm내림

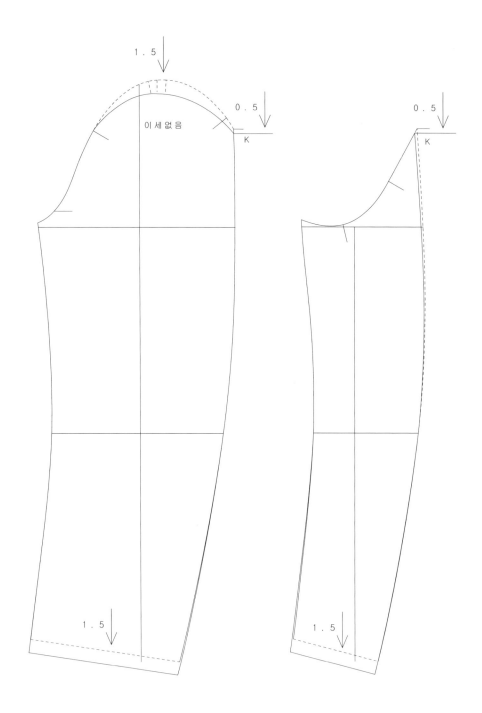

소매산 1.5cm내리고 소매기장 1.5cm내린다.
소매산 이세가 없어진다.
K - 앞, 뒤 소매 접합점 0.5cm내림

1) 기본 점퍼

(3) 기본점퍼 소매제도 - 소매산 1 . 5 c m 내림

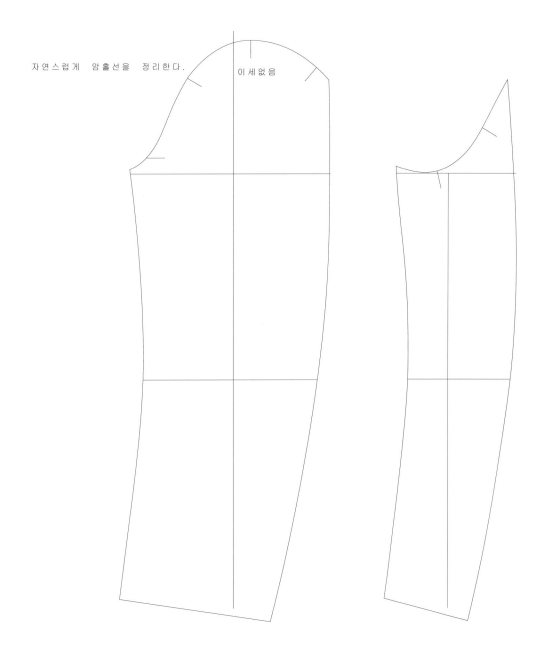

자연스럽게 암홀선을 정리한다.   이 세 없음

소매산에서만 이세량을 조절했지만
소매통과 소매산 높이를 움직여서 자유롭게
조절한다.
소매에 따라 소매산 높이와 이세량을 조절한다.

2) 스타디움 점퍼
(1)　기본점퍼 응용

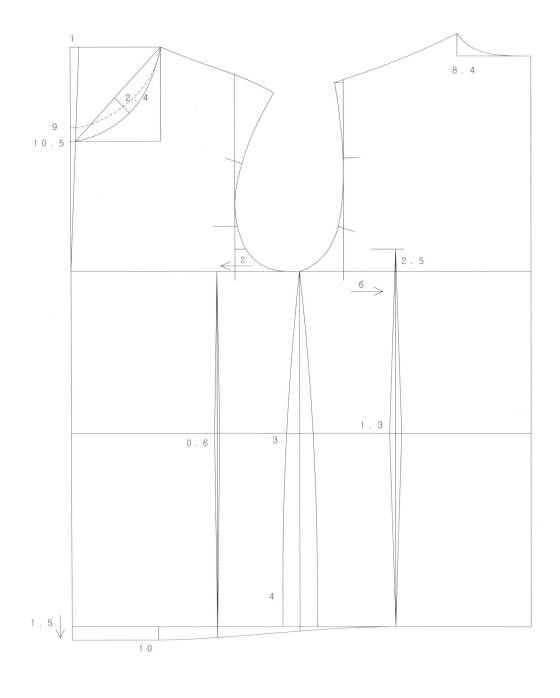

점퍼 기본선 정하기- 다트선 , 프린세스라인
앞품선을 기준으로 앞중심 방향으로 2 c m이동
뒷품선을 기준으로 뒤중심 방향으로 6 c m이동

2) 스타디움 점퍼
(1) 기본점퍼 응용

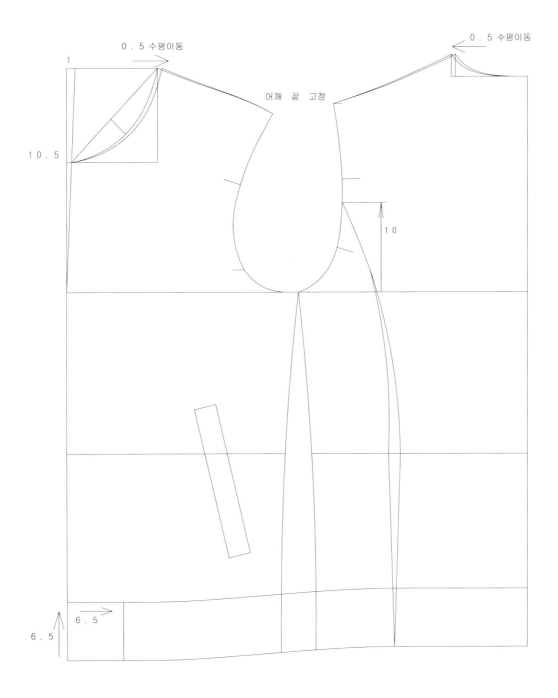

다트 옆목점을 0.5 수평이동
허리 다트선을 기준으로 프린세스 라인을 그린다.
앞중심 선에서 6.5CM띄우고 시보리 폭은 6.5CM로 하여
뒤중심까지 연결한다.

2) 스타디움 점퍼

(1) 기본점퍼 응용

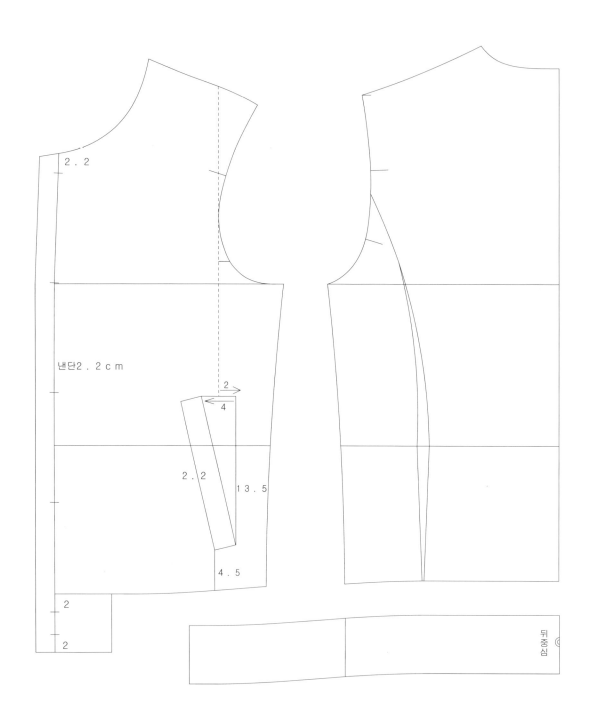

앞품선에서 2CM이동 하고 13.5 CM내려서 주머니 위치 결정
주머니 폭을 2.2CM로 한다

2) 스타디움 점퍼

(1)   기본점퍼 응용

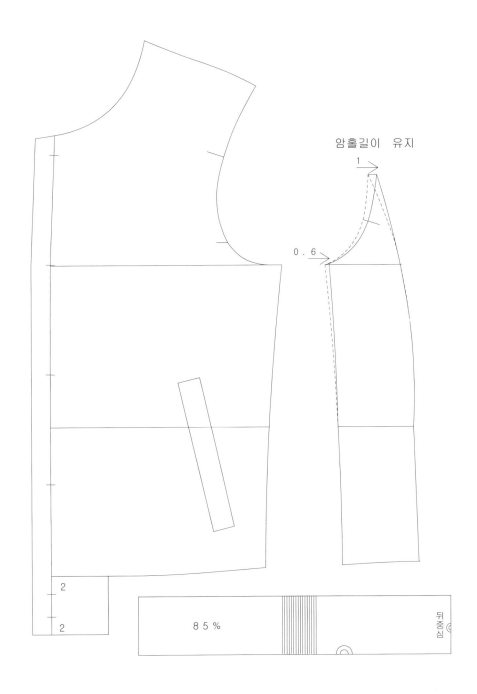

암홀길이 유지

사이바 암홀 1 C M 와끼 0 . 6 C M각각 이동하여 올을 세운다.
점퍼 밑단 시보리는 8 5 %축률 적용

2) 스타디움 점퍼

(1)   기본점퍼 응용- 완성

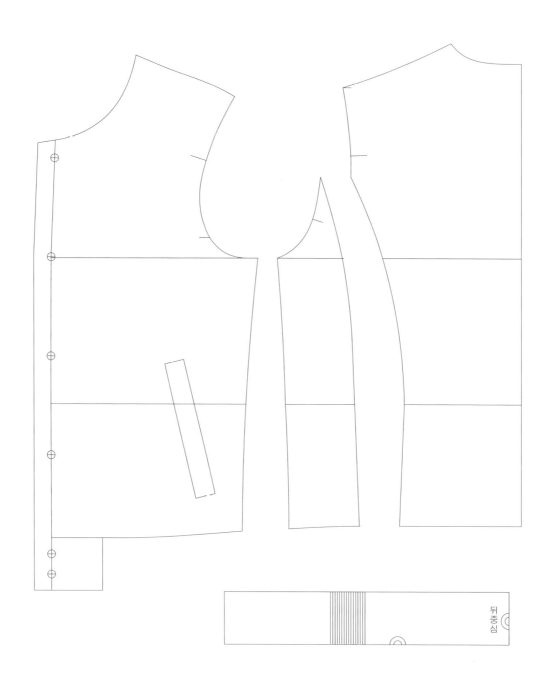

2) 스타디움 점퍼

(1) 기본점퍼 입체량에 따른 앞 넥포인트

   - 기본점퍼 입체량이 2cm이기때문에 그 수치 안에서 조절

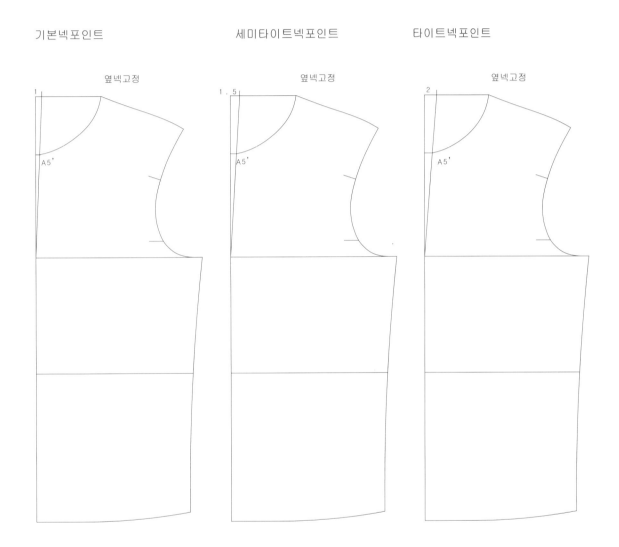

기본넥포인트   세미타이트넥포인트   타이트넥포인트

입체량에 따른 앞 넥포인트는 카라의 크기와 넥에 따라서 다르게 적용된다.
앞 가슴크기와 디자인적인 요소에 맞게 적용한다.

2) 스타디움 점퍼

(2) 카라제도   카라폭이 작을 때는 1 . 5 c m 준다. (기본적으로 1 . 5 ~ 2 c m 준다)

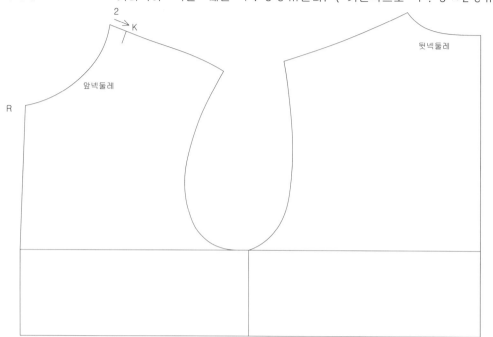

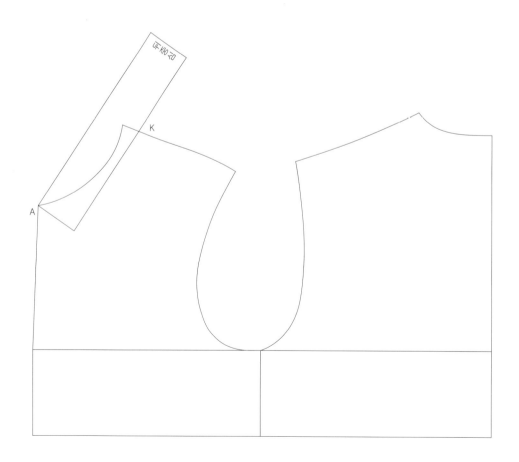

2) 스타디움 점퍼

(2) 카라제도

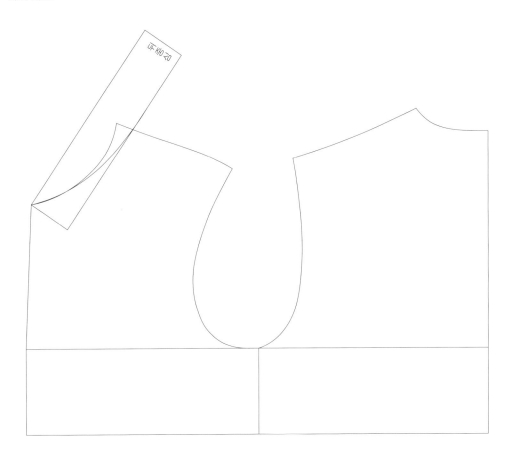

앞목둘레 축률90%, 뒷목둘레 축률 90%

- 시보리 텐션에 따라 다르겠지만 너무 늘려박지 않도록 한다.

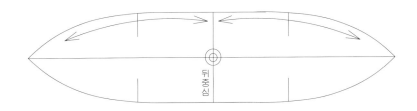

2) 스타디움 점퍼

(3) 소매제도- 와끼봉제

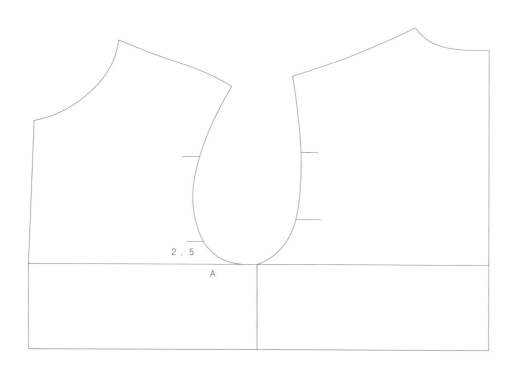

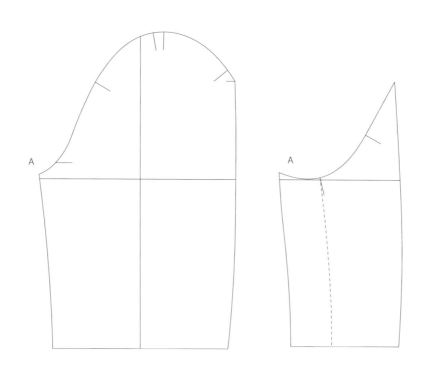

점퍼 두장 소매를 이용하여 와끼 봉제로 바꾼다.
A 간격을 유지하여 밑단까지 분리한다.

2) 스타디움 점퍼

(3) 소매제도- 와끼봉제

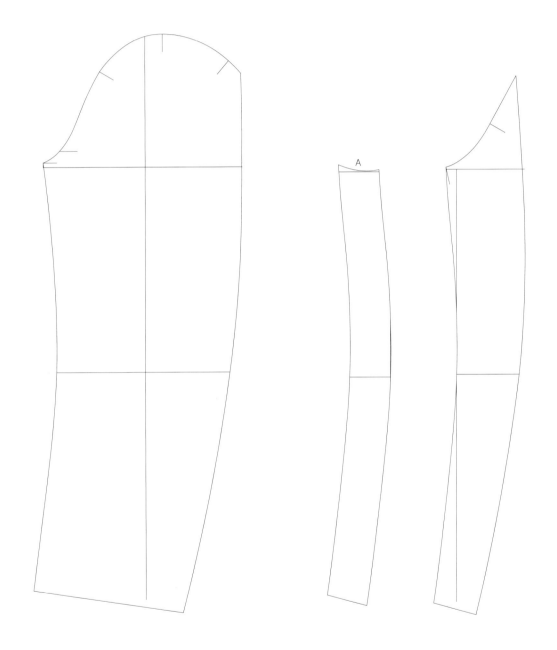

2） 스타디움　점퍼

（ 3 ）　소매제도- 와끼봉제

상완둘레선끼리　맞춘다.

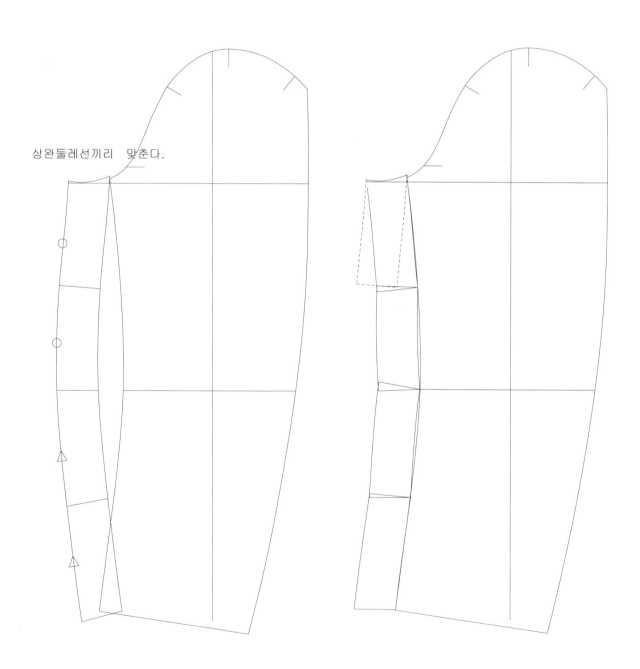

분리된　소매를　4 조각으로　나눠서　큰소매　인심에　붙인다.

2) 스타디움 점퍼

(3) 소매제도- 와끼봉제

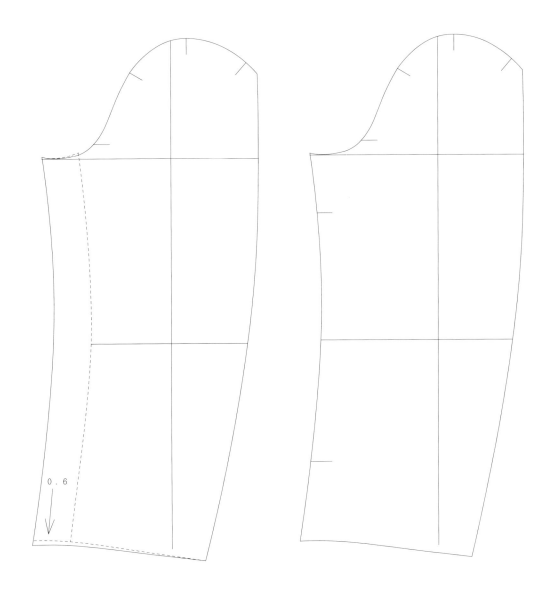

0 . 6

전개 과정 중에 앞 인심 길이가 짧아졌기 때문에 0 . 6CM늘려준다
앞뒤판 인심 길이 차이가 0 . 6CM나게 한다.

2) 스타디움 점퍼

(3) 소매제도- 와끼봉제

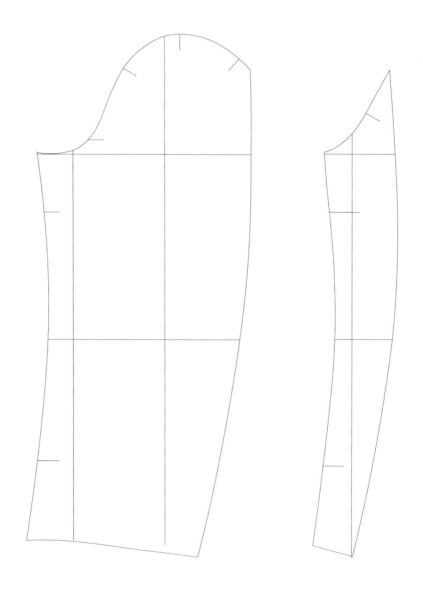

몸판 옆선과 소매 옆선으로 이어지게 와끼 봉제한다.

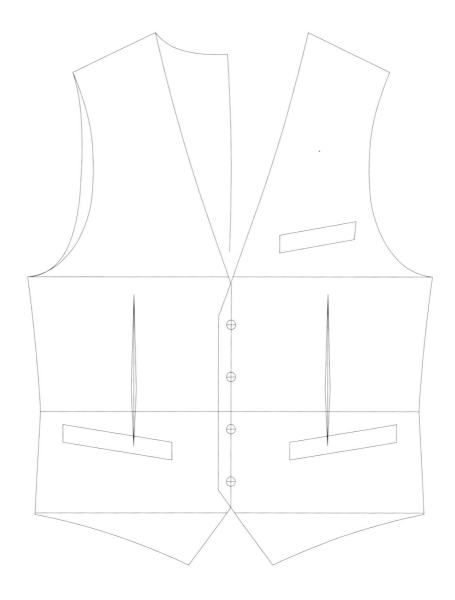

1) SINGLE VEST 제도

(1) 4 BUTTON 뒤판

신장   178cm

가슴둘레(B)   92cm

허리둘레(W)   80cm

엉덩이둘레(H)   93cm

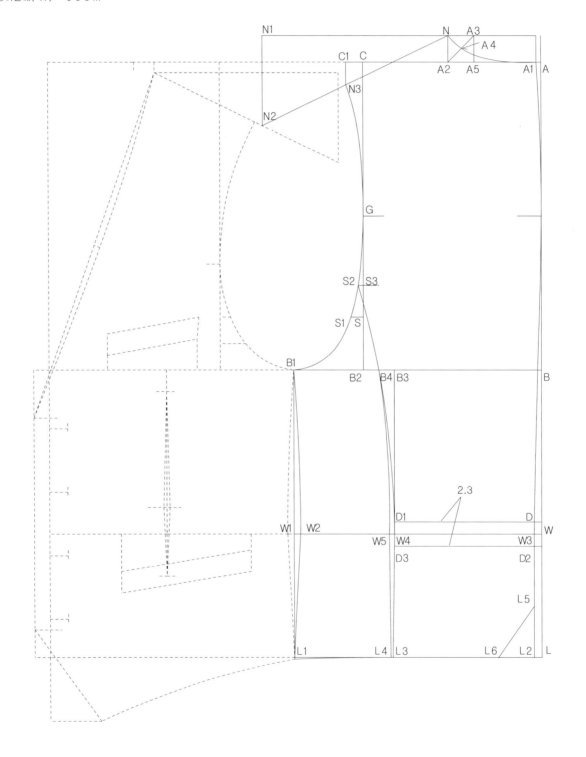

1) 싱글베스트 제도
(1) 4 BUTTON 뒤판

신장	178cm	
가슴둘레(B)	92cm	
허리둘레(W)	80cm	
엉덩이둘레(H)	93cm	

뒤판

A-B	(29cm)	진동깊이
A-W	(44.5cm)	실제허리위치(등허리)
A-L	(56cm)	싱글베스트 총기장
B-B1	(24cm)	B/4+1cm (W1, L1 생성)
B-B2	(17.2cm)	등품, 수직으로 올려 A지점 수평선과 교차점 C생성
W1-W2	(0.6cm)	허리선에서 0.6cm 이동하여 B1과 L1에 자연스런 옆선을 그린다.(L1↓0.2)
W-W3	(0.7cm)	뒷중심선, L에서도 동일하게 이동하여 L2생성
A-A1	(0.5cm)	뒷목중심지점(뒷중심선)
		A-B의 1/2지점과 선이 닿게 곡선을 그려 자연스럽게 W3와 이어준다.
A1-A2	(8.4cm)	뒷목너비
A2-N	(2.5cm)	뒤옆목높이
N-A3	(2.5cm)	뒷목라인보조선, A2와 직선연결
A4	(1.8cm)	A2-A3 이등분점, 뒷목라인을 자연스럽게 그린다.
N-N1	(18cm)	뒤판어깨각도 보조선
N1-N2	(7.5cm)	뒤판어깨각도 보조선, N과 N2 직선연결
C-C1	(1.6cm)	뒤판어깨끝 위치를 찾기위한 보조선 (N-N2선과 교차하는 지점에서 N3 생성)
G		진동이등분지점 (암홀곡선이 접하는 지점.)
B2-S	(5cm)	뒤판암홀선을 위한 보조선
S-S1	(1.2cm)	뒤판암홀선을 위한 보조선
B2-S3	(8cm)	옆판(사이바) 분리 지점 (S2-S3 0.4cm)
W3-W4	(13.5cm)	옆판(사이바) 분리 지점, 상동선까지 수직으로 올린다. (B-B3 생성)
B3-B4	(1.5cm)	옆판(사이바) 분리 지점
W4-W5	(0.5cm)	옆판(사이바) 허리 지점
L2-L3	(13.7cm)	L3-W4직선연결, W4-B4-S2 자연스런 곡선연결
L3-L4	(0.2cm)	B4-S2 곡선과 흐름을 보고 L4-W5-B4도 자연스런 곡선연결한다.
W3-D	(1.15cm)	뒤판비죠위치, W3-W4 허리선에서 평행으로 1.15cm 올린다.(D1 생성)
D-D2	(2.3cm)	D-D1선이 평행으로 2.3cm 내려온다.(비조폭 2.3cm~2.5cm)
L2-L5	(4.8cm)	디자인에 따른 뒷중심 밑단디자인 보조선
L2-L6	(3.5cm)	디자인에 따른 뒷중심 밑단디자인 보조선 (L5-L6 직선연결)

1) SINGLE VEST 제도

(2) 4 BUTTON 앞판

신장　　　　178cm

가슴둘레(B)　92cm

허리둘레(W)　80cm

엉덩이둘레(H)　93cm

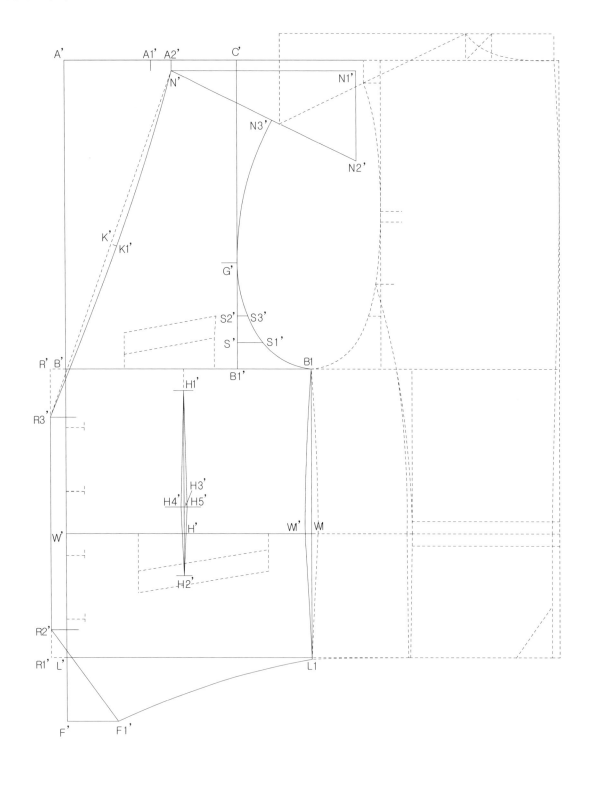

1) 싱글베스트 제도
(2) 4 BUTTON 앞판

신장	178cm
가슴둘레(B)	92cm
허리둘레(W)	80cm
엉덩이둘레(H)	93cm

앞판

B1-B'	(24cm)	앞중심선, (A', W', L' 생성)
W1-W1'	(0.6cm)	앞판옆선, B1-W1'-L1도 뒤판옆선과 동일하게 그린다.
B'-B1'	(16.8cm)	앞품
		앞중심에서 상동선을 따라 16.8cm 이동하여 A'수평선까지 수직연장(C'생성)
A'-A1'	(8.4cm)	뒷목너비만큼 8.4cm 이동
A1'-A2'	(2cm)	입체량 2cm 이동
A2'-N'	(1cm)	앞판옆목점위치, A2'에서 수직으로 1cm 내린다.
N'-N1'	(18cm)	앞판어깨각도 보조선
N1'-N2'	(8.5cm)	N'와 N2' 직선연결
N3'		N'-N2'선상에서 뒤판어깨 N-N3의 길이와 동일한 위치
B1'-S'	(2.5cm)	앞판암홀선을 위한 보조선위치
S'-S1'	(2.5cm)	앞판암홀선을 위한 보조선
B1'-S2'	(5cm)	앞판암홀선을 위한 보조선위치
S2'-S3'	(1cm)	앞판암홀선을 위한 보조선
B1'-G'	(10cm)	앞판암홀선이 접하는 지점.
		N3'-G'-S3'-S1'-B1을 자연스런 곡선으로 연결하여 앞판암홀을 완성한다.
B'-R'	(1.5cm)	앞내단선 (R3'-R2'-R1'생성)
R1'-R2'	(2.6cm)	R1'에서 2.6cm 위로 이동
R'-R3'	(4.5cm)	R'에서 4.5cm 아래로 이동 (N'과 직선연결)
K'		N'-R3' 1/2지점
K'-K1'	(0.6cm)	N'-R3'선의 자연스런 곡선을 위한 보조선
L'-F'	(6cm)	앞중심 L'지점에서 수직으로 6cm 내린다.
F'-F1'	(5cm)	F'에서 수평으로 5cm 이동
		R2'와 직선연결, L1과 자연스런 밑단 곡선연결한다.

다트

W'-H'	(11.5cm)	다트중심위치 (H2'-H3'-H1'생성)
H1'	(2cm)	상동선에서 2cm 내려 다트선과 교차하는 지점
H'-H2'	(4cm)	H'에서 4cm 수직으로 내린 지점
H'-H3'	(2.5cm)	H'에서 2.5cm 올라간 지점
H3'-H4'	(0.3cm)	앞판다트량
H3'-H5'	(0.3cm)	앞판다트량

1) SINGLE VEST 제도

(3) 4 BUTTON 주머니

신장   178cm

가슴둘레(B)   92cm

허리둘레(W)   80cm

엉덩이둘레(H)   93cm

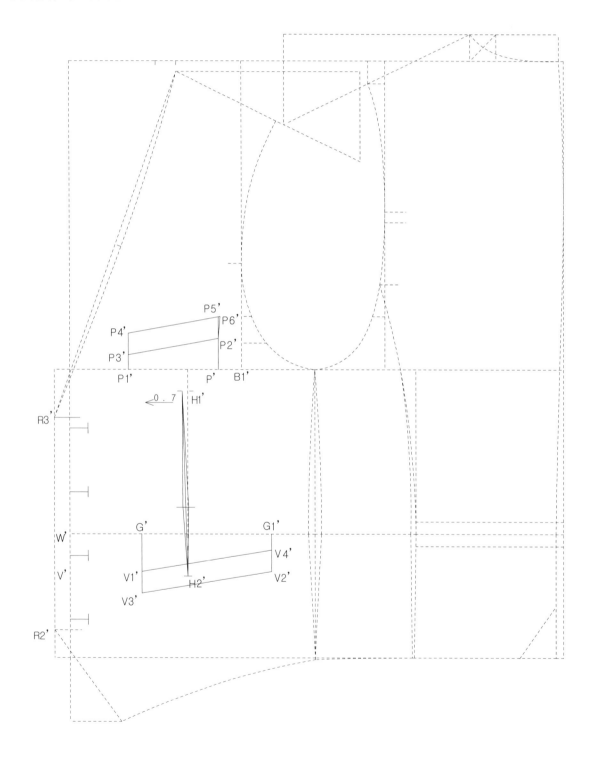

1) 싱글베스트 제도
(3) 4 BUTTON 주머니

신장   178cm

가슴둘레(B)   92cm

허리둘레(W)   80cm

엉덩이둘레(H)   93cm

단추

첫 번째 단추는 R3'에서 1cm 내린 위치이다. 마지막 단추는 R2'에서 1cm올린지점.

가슴주머니

B1'-P'   (2cm)   앞품에서 2cm 이동

P'-P1'   (8.5cm)   가슴주머니 길이

P'-P2'   (4.3cm)   가슴주머니 경사

P1'-P3'   (2.7cm)   가슴주머니 높이

P3'-P4'   (2cm)   가슴주머니 폭

P2'-P5'   (2cm)   가슴주머니 폭

P5'-P6'   (0.2cm)   주머니를 조금 사선지게 한다.

허리주머니

W'-G'   (7cm)   앞주머니 시작점

G'-G1'   (12.8cm)   앞주머니크기

G'-V1'   (3.5cm)   주머니 위치

G1'-V4'   (1.5cm)   주머니 경사

V1'-V3'   (2.2cm)   주머니 폭

V4'-V2'   (2.2cm)   주머니 폭

2) SINGLE VEST 안단

(1) 베스트 안단

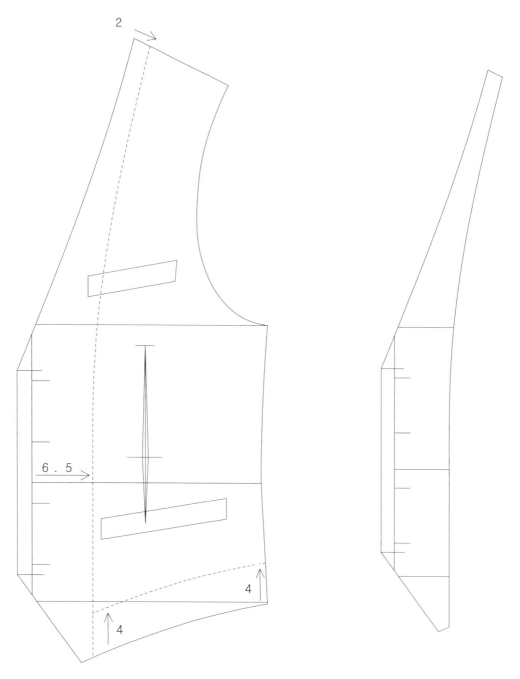

- 안단 : 옆목점에서 2cm 들인 점부터 앞중심에서
6.5cm 들여 안단선을 만들어준다.

- 밑단 : 밑단선과 평행하게 4cm 올려 만들어준다.

2) S I N G L E V E S T 안단

(1) 베스트 안단

- 뒷넥과 평행하게 1 c m 내려 단을 만들어준다.
- 뒤판과 사이바는 안감으로 제작하며 뒷넥 1 c m 단은 원단을
   이용하여 제작한다.

3) VEST 뒷판비조 1

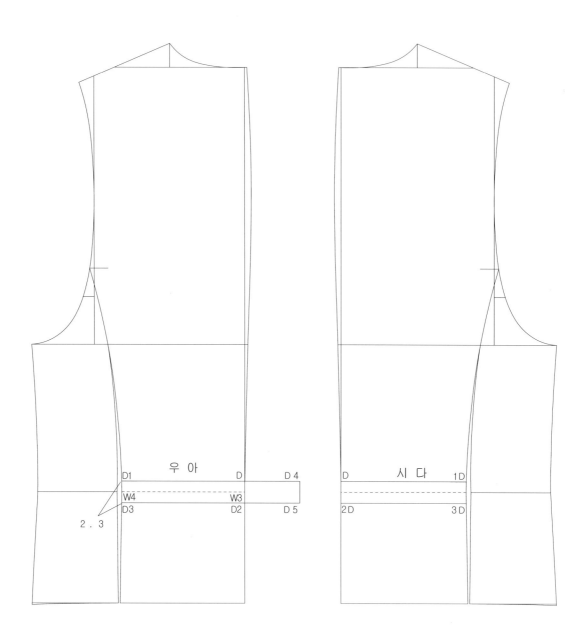

- W3 - D (1 . 1 5 ∼ 1 . 2 5 c m)
- W3 - D2 (1 . 1 5 ∼ 1 . 2 5 c m)
- D - D4 (6 c m) 비조길이
- D1 - D3 (2 . 3 ∼ 2 . 5 c m) 비조넓이 D4 - D5 동일 치수
- D2 - D5 (6 c m) 비조완성

3) V E S T 뒷판비조 2

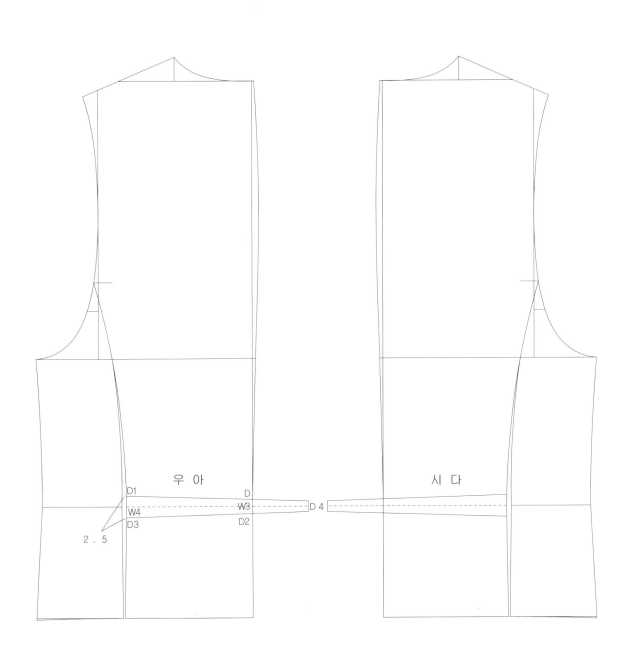

- W3 - D (0.5 ~ 0.75 c m)
- W3 - D2(0.5 ~ 0.75 c m) 뒷중심에서의 비조넓이. (1.5 c m)
- W3 - D4(6 c m) 비조 길이. 뒷중심에서 6 c m 연장한다.
                D1 - D, D3 - D2 선을 6 c m 연장선상까지 연장한다.
- W4 - D1 (1.15 ~ 1.25 c m)
- W4 - D3(1.15 ~ 1.25 c m) 뒷중심 비조넓이(2.3 ~ 2.5 c m)

4) DOUBLE VEST 제도

(1)　DOUBLE　앞판

신장　　　　　　178cm

가슴둘레(B)　　92cm

허리둘레(W)　　80cm

엉덩이둘레(H)　93cm

3.5

4) 더블베스트 제도
(1) DOUBLE 앞판

신장	178cm
가슴둘레(B)	92cm
허리둘레(W)	80cm
엉덩이둘레(H)	93cm

앞판

B1-B'	(24cm)	앞중심선, (A', W', L' 생성)
W1-W1'	(0.6cm)	앞판옆선, B1-W1'-L1도 뒤판옆선과 동일하게 그린다.
B'-B1'	(15.8cm)	앞품, 앞중심에서 상동선을 따라 15.8cm 이동하여
		수직으로 A'수평선까지 연장 (C' 생성)
A'-A1'	(8.4cm)	뒷목너비만큼 8.4cm 이동
A1'-A2'	(1.5cm)	입체량 1.5cm 이동
A2'-N'	(1cm)	앞판옆목점위치, A2'에서 수직으로 1cm 내린다.
N'-N1'	(18cm)	뒤판어깨각도 보조선
N1'-N2'	(8.3cm)	N'와 N2' 직선연결
N3'		N'-N2'선상에서 뒤판어깨 N-N3의 길이와 동일한 위치
B1'-S'	(2.5cm)	앞판암홀선을 위한 보조선위치
S'-S1'	(2.5cm)	앞판암홀선을 위한 보조선
B1'-S2'	(5cm)	앞판암홀선을 위한 보조선위치
S2'-S3'	(1cm)	앞판암홀선을 위한 보조선
B1'-G'	(10cm)	앞판암홀선이 접하는 지점.
		N3'-G'-S3'-S1'-B1을 자연스런 곡선으로 연결하여 앞판암홀을 완성한다.
L'-F'	(6.3cm)	앞중심 L'지점에서 수직으로 6.3cm 연장한다.
F'-F1'	(3.5cm)	F'에서 수평으로 3.5cm 이동 지점
		옆선 L1과 자연스런 밑단 곡선연결한다.
B'-R'	(5cm)	B'-L'앞중심선이 평행으로 5cm 이동 (A2', L1', F2'생성)
R'-R1'	(1.5cm)	단추를 잠그기 위한 여유분
		R'-L1'선이 평행으로 1.5cm 이동 (R2'생성)
R2'-R3'	(2.6cm)	R2'에서 2.6cm 위로 이동하여 F1'과 직선연결
R1'-R4'	(5.8cm)	R1'에서 5.8cm 아래로 이동하여 N'과 직선연결
K'		N'-R4' 1/2지점
K'-K1'	(1.5cm)	N'-R4'선의 자연스런 곡선을 위한 보조선

다트

W'-H'	(12.9cm)	다트중심위치 (H2'-H3'-H1'생성)
H1'	(2cm)	다트끝, 상동선에서 2cm 내려 다트선과 교차하는 지점
H'-H2'	(4cm)	다트끝, H'에서 4cm 수직으로 내린 지점
H'-H3'	(2.5cm)	H'에서 2.5cm 올라간 지점
H3'-H4'	(0.3cm)	앞판다트량
H3'-H5'	(0.3cm)	앞판다트량

4) D O U B L E V E S T 제도

(2) D O U B L E 주머니

신장   1 7 8 c m

가슴둘레(B)   9 2 c m

허리둘레(W)   8 0 c m

엉덩이둘레(H) 9 3 c m

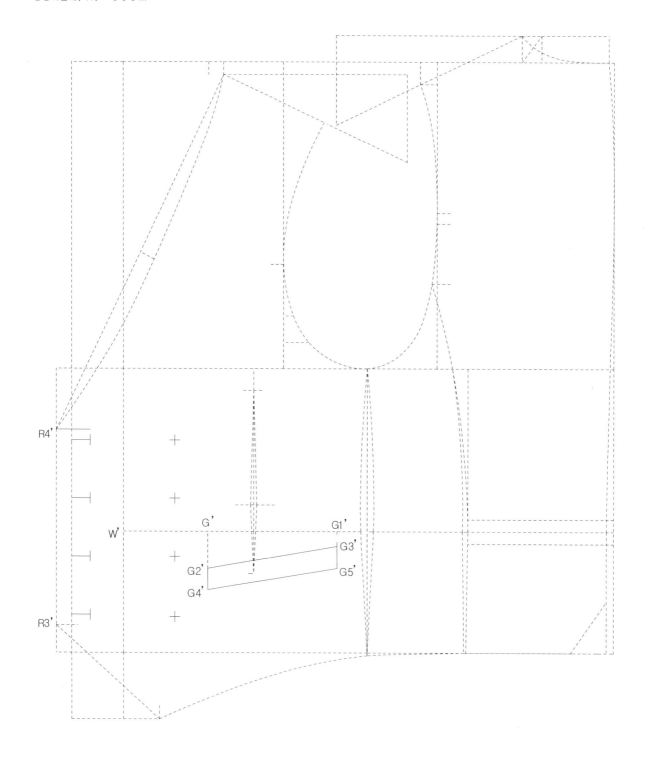

4) 더블베스트 제도
(2) DOUBLE 주머니

신장	178cm
가슴둘레(B)	92cm
허리둘레(W)	80cm
엉덩이둘레(H)	93cm

허리주머니

W'-G'	(8.3cm)	허리선에서 8.3cm 지점
G'-G1'	(12.8cm)	주머니길이
G'-G2'	(3.5cm)	주머니위치
G1'-G3'	(1.4cm)	주머니경사
G2'-G4'	(2.2cm)	주머니 폭
G3'-G5'	(2.2cm)	주머니 폭

단추

첫 번째 단추는 R4'에서 1cm 내린 위치이다. 마지막단추는 F3'에서 1cm올린지점이다.

- - - - -

5) SINGLE VEST 앞다트

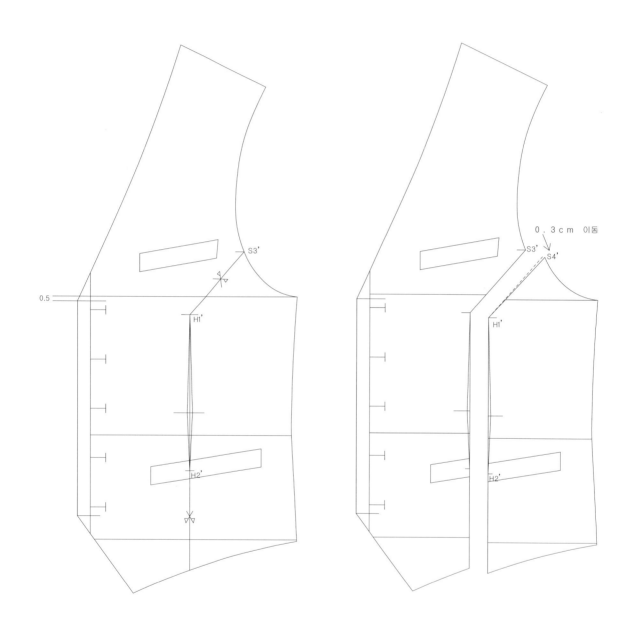

- 앞판 다트 H2' 끝점을 밑단까지 수직으로 내린다.
- 다트끝 H1' 과 암홀의 S3' 와 직선연결한다.
- S3' - S4' (0.3cm) 접는다.

5) S I N G L E   V E S T   앞다트

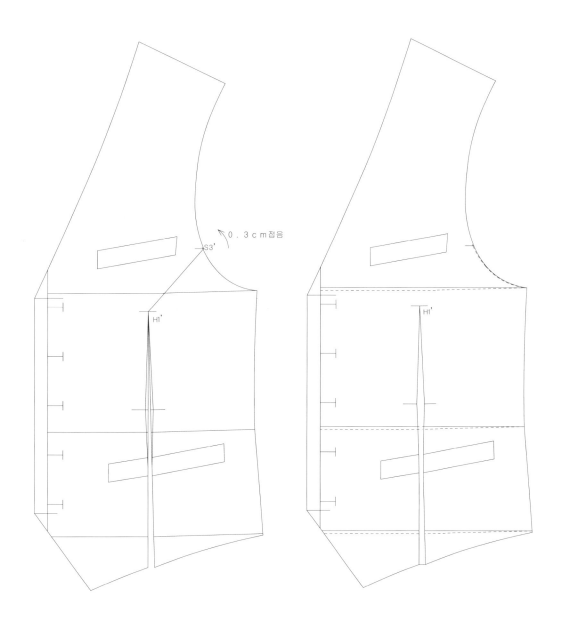

0 . 3 c m접음

S3'

H1'

H1'

- S 3 ' 에서 겹치게 되면 H 1 ' 에서 자연스럽게
  벌어져 밑단 0 . 8 c m의 다트가 생긴다.

5) SINGLE VEST 뒤다트

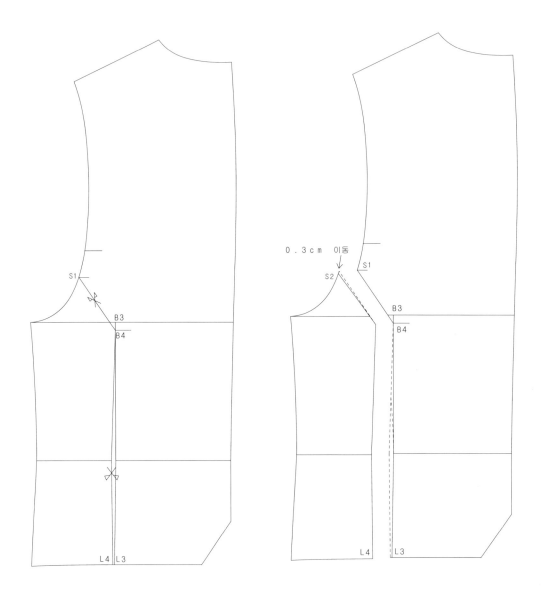

- B 3 - B 4 (1 cm) 다트 끝점 1 cm 내림
- 뒤판 다트 B 4 끝점을 밑단까지 수직으로 내린다.
- S 1 - S 2 (0 . 3 cm) 접는다.

5) SINGLE VEST 뒤다트

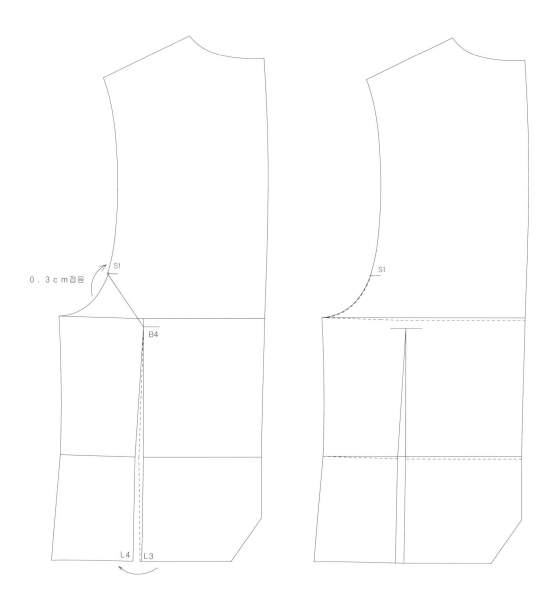

    -S1 에서 겹치게 되면 B4 에서 자연스럽게
      벌어져 밑단 1.1 cm의 다트가 생긴다.

5) SINGLE VEST 다트완성

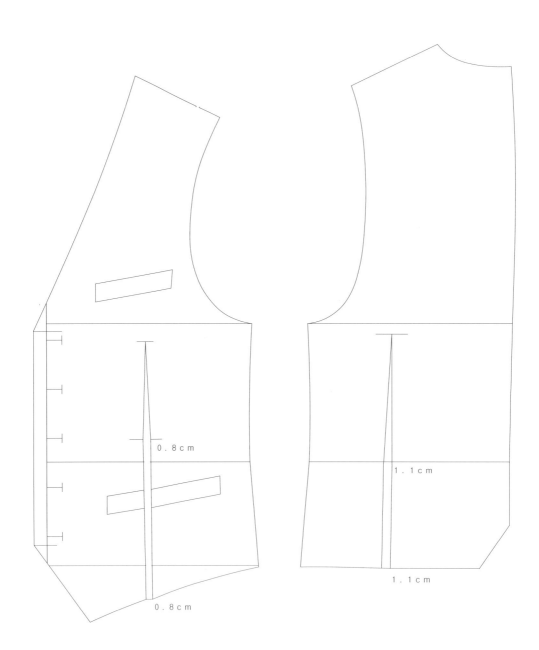

6) SINGLE VEST 피크트카라

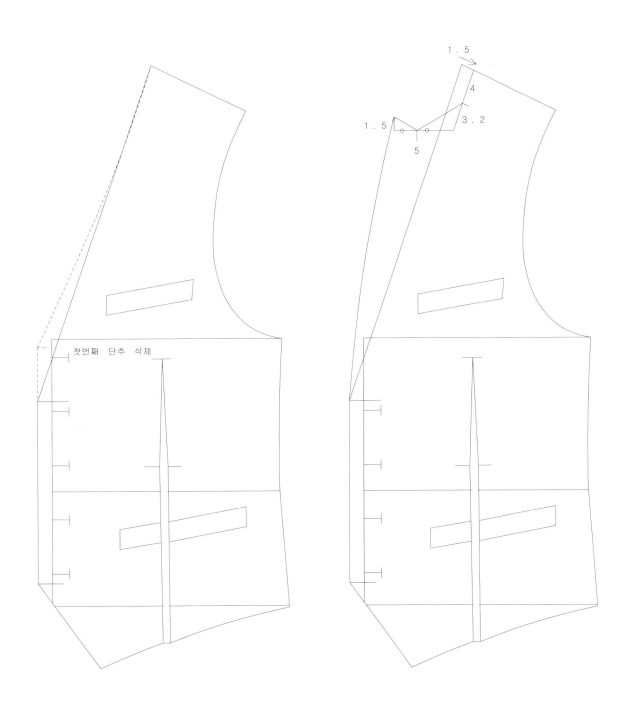

6) SINGLE VEST 피크트카라

꺽임선 기준으로 앞 어깨선을 반전시킨다.

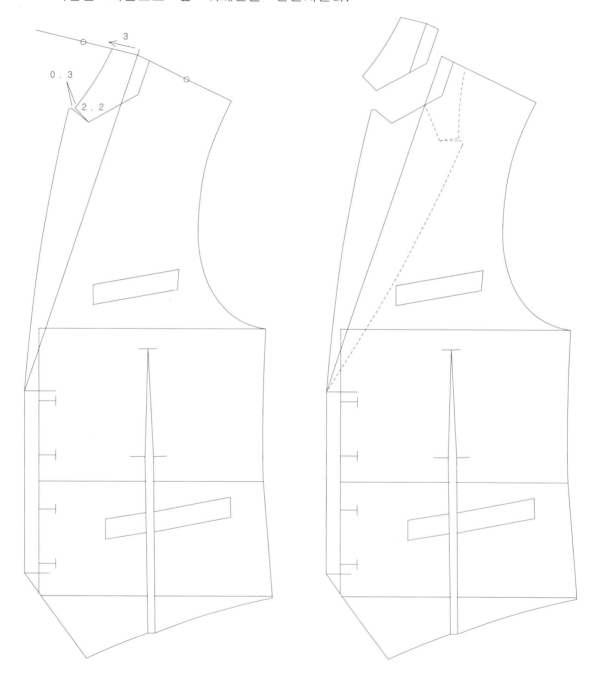

1) 기본 티셔츠 뒤판제도

신장   178cm

가슴둘레(B)   92cm

허리둘레(W)   80cm

엉덩이둘레(H)   93cm

뒷기장(L)   67cm

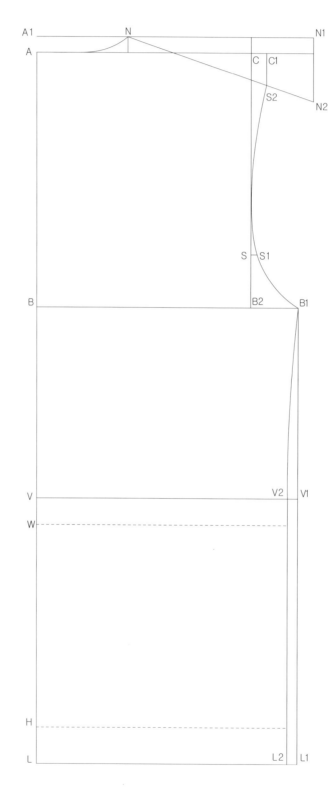

1) 기본 티셔츠 뒤판제도

신장	178cm	
가슴둘레(B)	92cm	
허리둘레(W)	80cm	
엉덩이둘레(H)	93cm	

뒤판

A-B	(24cm)	진동깊이
A-W	(44.5cm)	등에서 실제허리위치이며, 등길이위치이기도 하다.
W-V	(2.5cm)	실제허리에서 2.5cm 올라간 지점으로 옆허리선위치, 뒷목에서 42cm 지점
W-H	(19cm)	실제허리에서 19cm 내려간 지점
A-L	(67cm)	뒷중심선, 노말티셔츠 기장 67cm
B-B1	(25.5cm)	B/4 + 여유분 2.5cm (수직으로 내려 V1, L1 생성)
V1-V2	(1cm)	B1과 곡선연결
L1-L2	(1cm)	V2와 직선연결.
B-B2	(20.8cm)	등품, A지점 수평선과 교차점 (C 생성)
B2-S	(5cm)	가슴선에서 등품선을 따라 5cm 올라간 지점
S-S1	(0.6cm)	암홀선을 그리기 위한 위치보조선
A-A1	(1.5cm)	뒷목점위치
A1-N	(9cm)	뒷목너비, 뒤판 옆목점 생성. A-N곡선연결
N-N1	(18cm)	어깨 각도를 맞추기 위한 보조선
N1-N2	(6cm)	뒤판 어깨 각도 6cm (N-N2 어깨 보조선연결)
C-C1	(1.5cm)	어깨끝 위치를 정하기 위한 보조선
		수직으로 내려 어깨 보조선과 만나는 지점에서 S2생성.
S2		어깨끝점, N-S2가 어깨이다.
S2-S1-B1		암홀라인, 자연스런 곡선으로 그린다.

2) 기본 티셔츠 앞판제도

신장   178cm

가슴둘레(B)   92cm

허리둘레(W)   80cm

엉덩이둘레(H)   93cm

뒷기장(L)   67cm

기본립 폭 2cm기준(별도)

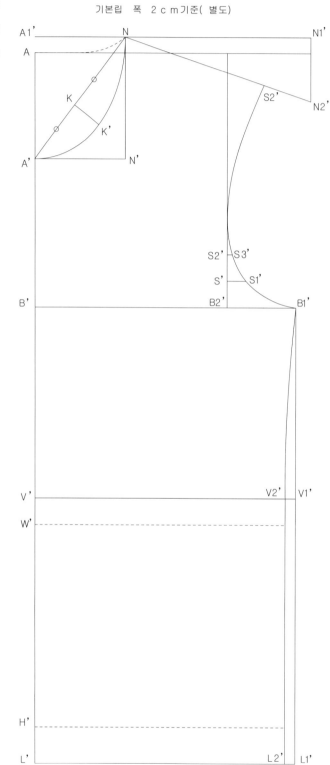

2) 기본 티셔츠 앞판제도

신장	178cm
가슴둘레(B)	92cm
허리둘레(W)	80cm
엉덩이둘레(H)	93cm

앞판

A-B'	(24cm)	진동깊이
A-W'	(44.5cm)	등에서 실제허리위치이며, 등길이위치이기도 하다.
W'-V'	(2.5cm)	실제허리에서 2.5cm 올라간 지점으로 옆허리선위치. 뒷목에서 42cm지점
W'-H'	(19cm)	실제허리에서 19cm 내려간 지점
A-L'	(67cm)	앞중심선, 노말티셔츠기장 67cm
B'-B1'	(25.5cm)	B/4 + 여유분 2.5cm (V1', L1' 생성)
V1'-V2'	(1cm)	B1'과 곡선연결
L1'-L2'	(1cm)	V2'와 직선연결.
B'-B2'	(18.8cm)	앞품 18.8cm. (S'-S2'생성)
B2'-S2'	(5cm)	가슴선에서 앞품선을 따라 5cm올라간 지점
S2'-S3'	(0.6cm)	암홀선을 그리기 위한 위치보조선
B2'-S'	(2.5cm)	가슴선에서 앞품선을 따라 2.5cm올라간 지점
S'-S1'	(1.8cm)	암홀선을 그리기 위한 위치보조선
A-A1'	(1.5cm)	앞목높이
A1'-N	(9cm)	앞목너비, 앞판 옆목점생성
A1'-A'	(11.5cm)	앞목깊이. N지점 수직선과 교차점 (N' 생성)
K		A'-N 직선연결하여 이등분지점
K-K'	(3cm)	앞넥을 그리기 위한 보조선. A'-K'-N곡선연결.
N'-N1'	(18cm)	어깨 각도를 맞추기 위한 보조선
N1'-N2'	(6cm)	뒤판 어깨 각도 6cm (N-N2' 어깨 보조선연결)
N'-S2'		N'-N2'선상에서 뒤판어깨 N-S2길이와 동일한 위치
S2'-S3'-S1'-B1'		암홀라인, 자연스런 곡선으로 그린다.

3) 기본 티셔츠 소매제도

（ 1 ）　소매산　8 cm
　　　　소매기장　　6 4 cm

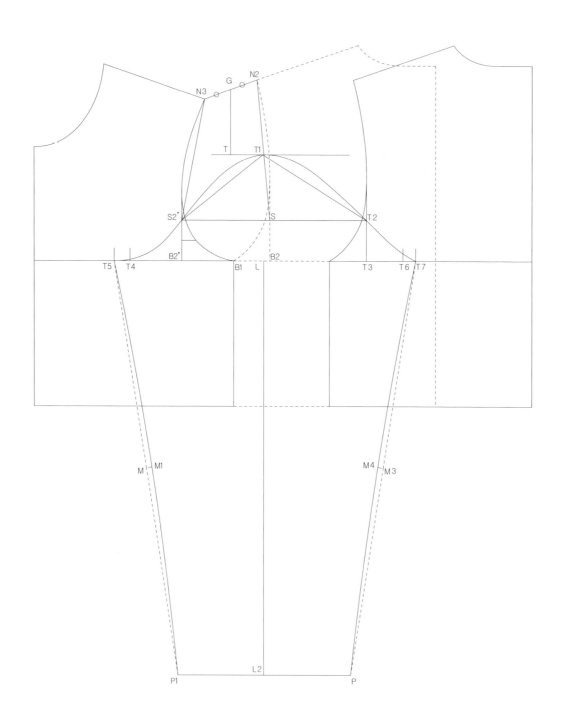

3) 기본 티셔츠 소매제도

소매산   8.5cm
소매기장   64cm

소매

N3-N2		직선연결 (앞판, 뒤판 어깨연결)
G		N3-N2 1/2지점
T	(8cm)	G에서 8cm 내려온 지점으로 소매산 위치
S2'-N3		직선연결 (앞판 암홀)
S - N2		직선연결 (뒤판 암홀)
S2'-T1		S2'-N3 직선길이 - 2cm
		S2'에서 시작하여 T의 수평선상에서 접하는 지점 T1.
T1-T2		S-N2 직선길이 - 2cm
		T1에서 S의 수평연장선상에서 접하는 지점(T2), 수직으로 내린다.(T3생성)
B2'-T4		B2'-B1 앞곁품과 동일한 길이
T4-T5	(2cm)	2cm 연장
T1-S2'-T5		자연스럽게 앞판소매암홀을 그린다.
T3-T6		B1-B2 뒤곁품과 동일한 길이
T6-T7	(1.6cm)	1.6cm 연장
T1-T2-T7		자연스럽게 뒤판소매암홀을 그린다.
L		T5-T7 1/2지점 (L2 생성)
T1-L2	(64cm)	소매길이 64cm
L2-P	(11cm)	22cm/2 (소매부리 22cm)
L2-P1	(11cm)	22cm/2 (소매부리 22cm)
M		T5-P1 1/2지점
M-M1	(0.7cm)	T5-M1-P1곡선연결.
		M3,M4도 동일하게 소매 옆선을 그린다.

3) 기본　티셔츠　소매제도

(2)　몸판, 소매너치표시

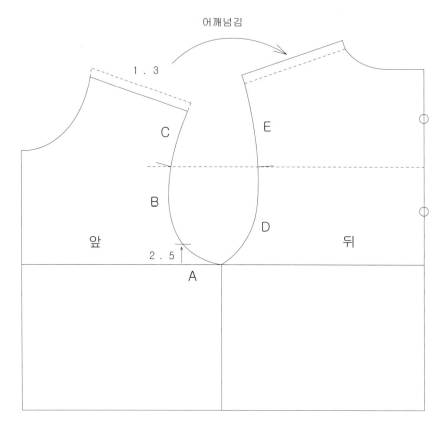

- 앞판　상동선에서　2 . 5 c m　올린　지점에서　앞판　첫번째　너치생성
- 뒷목점에서　상동선까지의　이등분　지점을　수평으로　그어
　앞, 뒤판　암홀선과의　교차점에　너치생성.

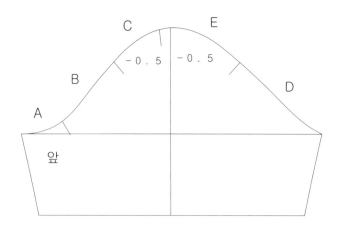

- 소매　너치생성시　앞판의　어깨　1 . 3 c m 를　뒤판으로　넘겨서
　이세분량을　체크한다.

3) 기본 티셔츠 소매완성

(3) 소매늘림분(노바시)

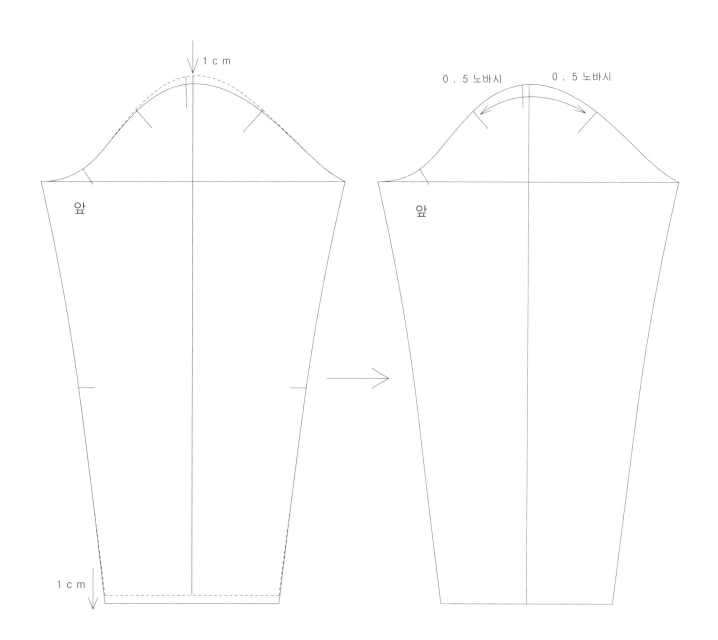

- 소매산을 1 c m 내리면 노바시 분량이 생긴다.
- 소매산이 내려간만큼 소매길이가 줄었기 때문에 소매부리에서
  1 c m 내려준다.
- 소매산 앞뒤 0 . 5 c m 씩 노바시 한다.

4) 기본티셔츠 카라제도

기본축률   앞판축률 8 3 %
뒤판축률 8 5 %

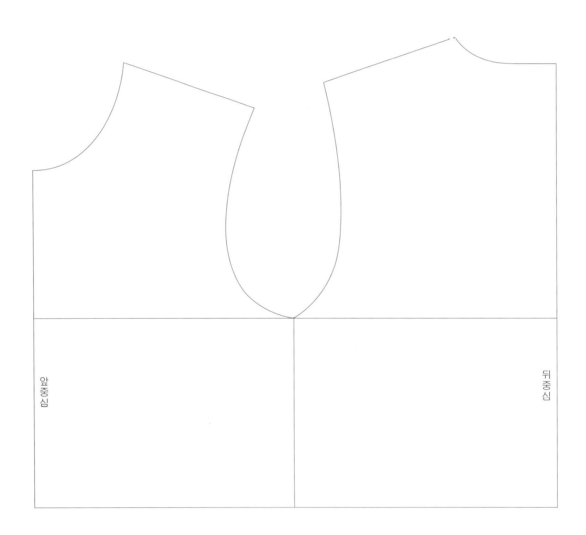

앞목둘레   *   축률 0 . 8 3 % =   앞판RIB
뒷목둘레   *   축률 0 . 8 5 % =   뒤판RIB

- RIB두께 2 c m
립의 텐션에 따라 축률을 다르게 적용한다.

5) 기본티셔츠 반팔

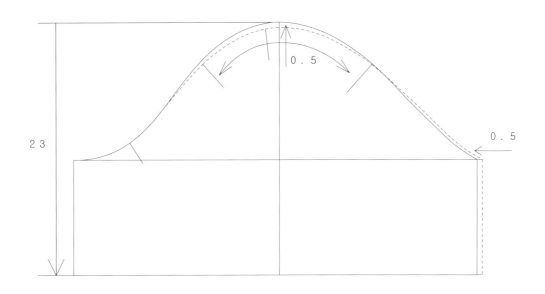

- 소매산 0 . 5 c m를 올리고 소매기장 2 3 c m에 맞춘다.
- 소매통을 0 . 5 c m 줄여서 소매산 둘레 사이즈가 변동되지
  않게 한다.

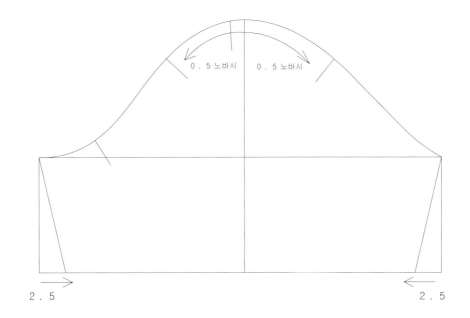

소매 기장을 줄일 때는 기장에서 원하는 만큼 자른다.
소매부리는 2 3 c m를 기준으로 2 . 5 c m씩 줄여준다.

6) PK 셔츠

(1) 기본티셔츠 응용

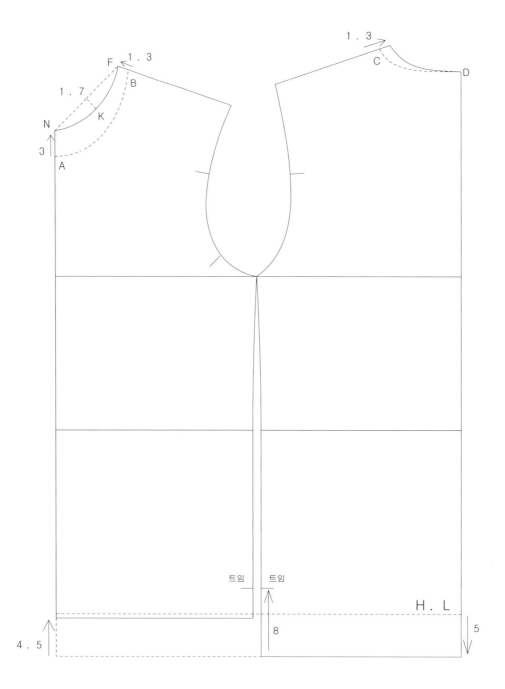

- 앞목점 A 에서 3 cm 올리고, 옆목점 B 에서 1 . 3 cm 옆넥을 줄임
- N - F 직선으로 연결하여 1 . 7 cm 들어가서 넥을 그린다.
- 힙선에서 5 cm 내린 지점이 총기장이다.
- 총기장에서 8 cm 올린 지점에서 트임을 만들어준다.
- 총기장에서 4 . 5 CM 올린 지점을 앞기장으로 한다.

6) P K 셔츠

(2) 기본티셔츠 소매 응용

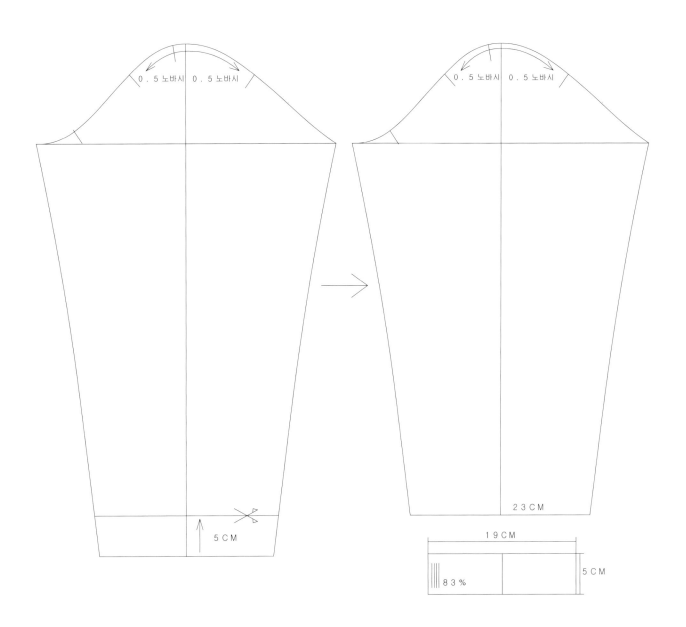

- 소매단 립폭 5 c m
- 소매부리에서 5 c m 평행하게 올려 절개한다.
- 소매부리는 2 3 c m 이며 시보리는 8 3 % 축률 적용
소매부리보다 4 c m 작다.

6) PK 셔츠

(3) 기본티셔츠 앞단작

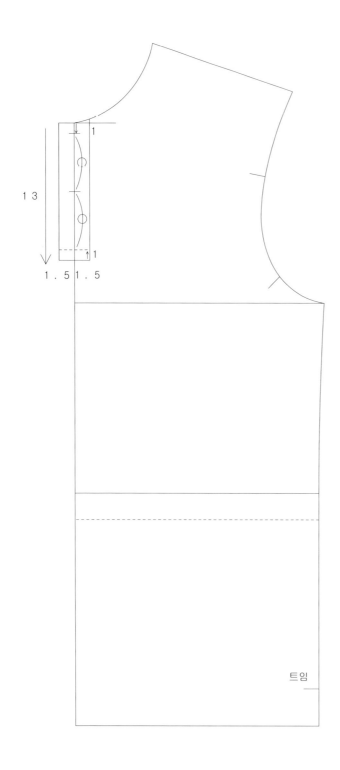

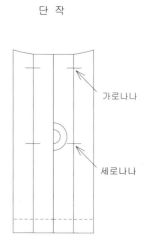

단 작

가로나나

세로나나

- 길이 13cm 폭 3cm

트임

6) PK셔츠

(3) 기본티셔츠 칼라

- PK셔츠 칼라는 앞뒤 칼라폭 발란스가 중요하다.

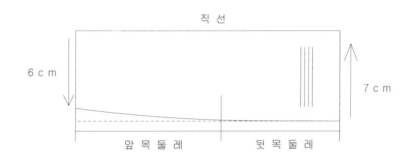

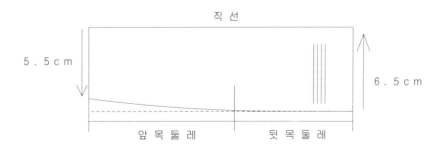

- 칼라소재는 니트시보리
- 캐주얼셔츠칼라를 달수있다.

6) PK 셔츠

(4) 기본티셔츠 반팔소매 응용

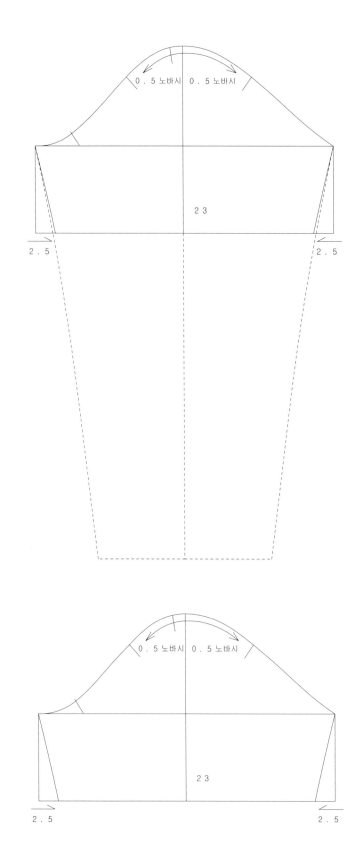

6)   P K 셔츠

(4)   기본티셔츠   반팔소매 응용

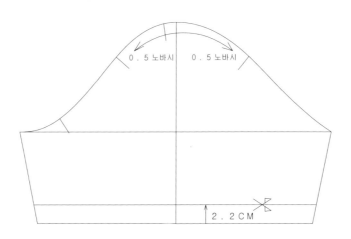

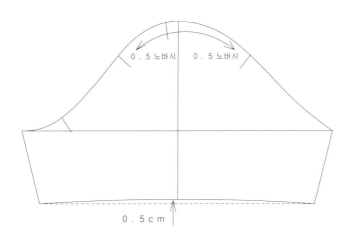

|||| 90%	

－ 소매단 소재는 니트시보리

7)　맨투맨티셔츠

(1)　기본티셔츠　응용

기본축률　　앞판축률　8 3 %

　　　　　　뒤판축률　8 5 %

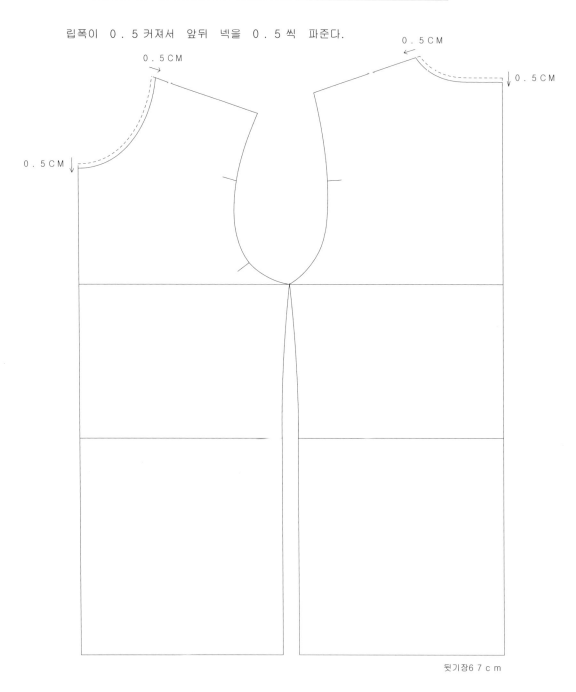

립폭이　0 . 5 커져서　앞뒤　넥을　0 . 5 씩　파준다.

- 기본티셔츠에서　목둘레를　0 . 5 c m　넓혀준다.
- R I B 폭은　2 . 5 c m　기본축률을　적용한다.

7) 맨투맨티셔츠

(1) 기본티셔츠 응용

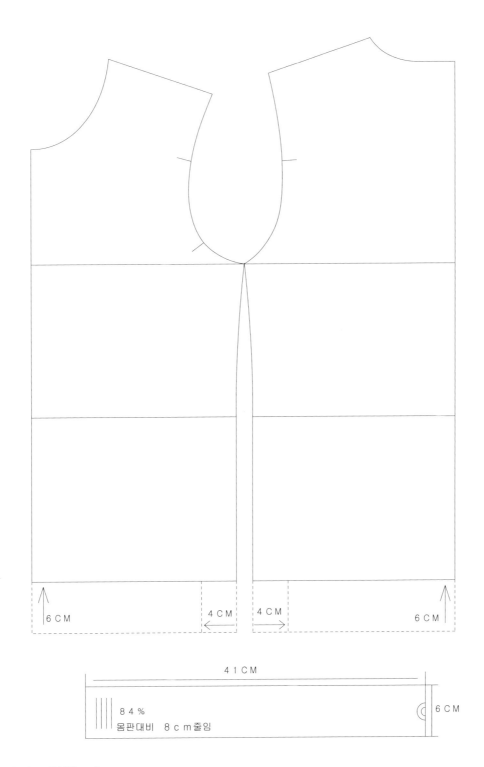

- 밑단 립폭 6 c m
- 밑단에서 6 c m 평행하게 올려 절개한다.
- 밑단둘레는 4 9 c m이며 시보리는 8 4 % 축률 적용
  밑단둘레보다 8 c m작다.

7) 맨투맨티셔츠

(2) 기본티셔츠 소매 응용

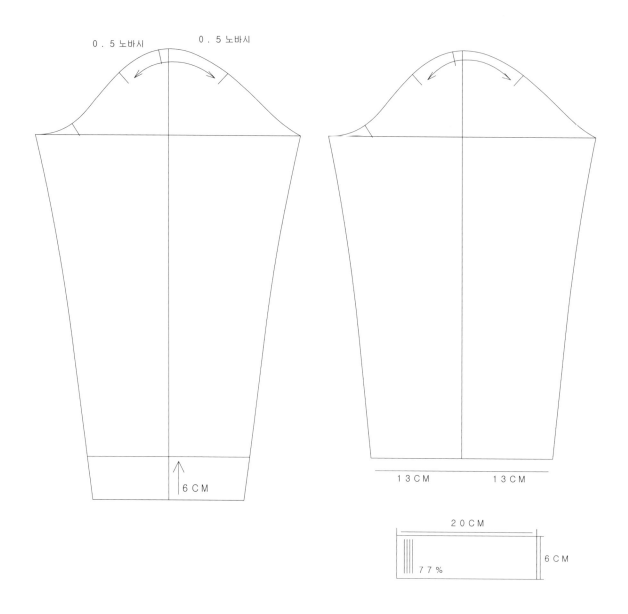

- 소매단 립폭 6 c m
- 소매부리에서 6 c m 평행하게 올려 절개한다.
- 소매부리는 2 6 c m이며 시보리는 7 7 % 축률 적용
  소매부리보다 6 c m작다.

7)　맨투맨티셔츠
(2)　기본티셔츠　소매　응용

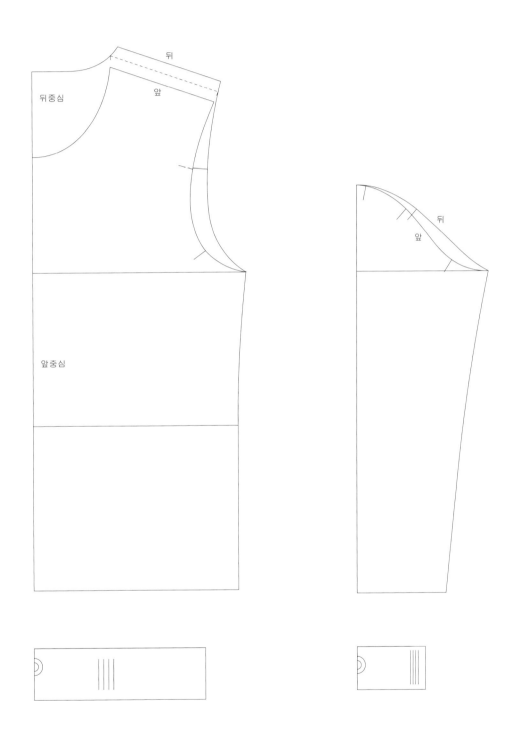

8)   드랍티셔츠

(1)   맨투맨티셔츠 응용

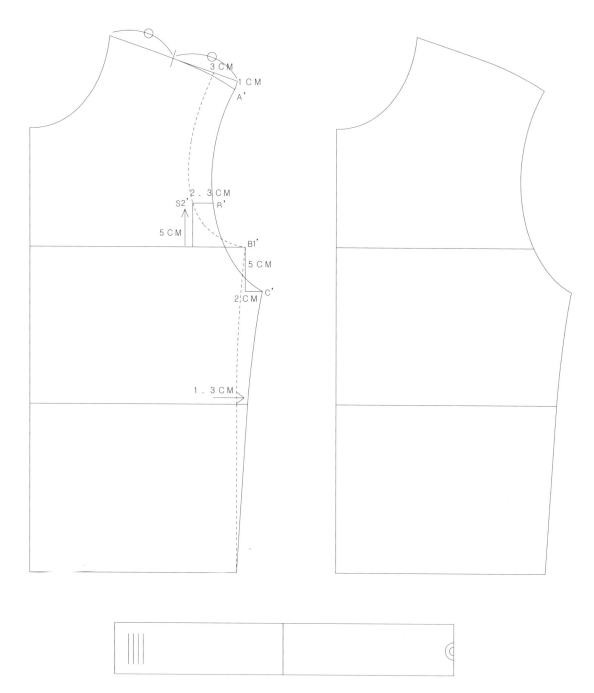

- A' 어깨끝에서 3 c m 연장하고, 1 c m   내린지점
  어깨선을 이등분하여 A' 지점으로 자연스럽게 그린다.
- S2' - B' 2 . 3 c m 암홀방향으로 이동.
- B1' 상동선에서 5 c m 를 내리고 2 c m 옆선으로 이동 - C'
  암홀라인을 자연스럽게 그린다.
  허리선에서 1 . 3 c m   이동하고 옆선밑단은   고정한다.
  옆선을 자연스럽게 그린다.

8)   드랍티셔츠

(1)   맨투맨티셔츠 응용

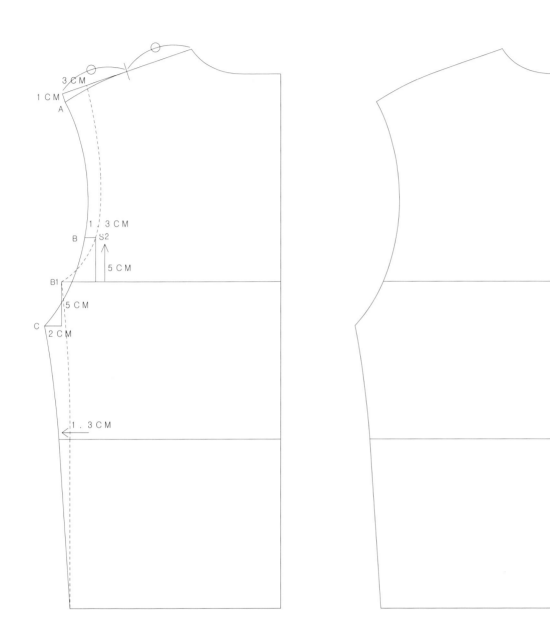

- A 어깨끝에서 3 c m 연장하고, 1 c m 내린지점
  어깨선을 이등분하여 A 지점으로 자연스럽게 그린다.
- S 2 - B 1 . 3 c m 암홀방향으로 이동.
- B 1 상동선에서 5 c m 를 내리고 2 c m 옆선으로 이동 - C
  암홀라인을 자연스럽게 그린다.
- 허리선에서 1 . 3 c m 이동하고 옆선밑단은 고정한다.
  옆선을 자연스럽게 그린다.

8) 드랍티셔츠

(2) 맨투맨소매 응용

- 소매산을 고정하고 앞뒤판 암홀 둘레에 맞춰 소매산 길이를 맞춘다.

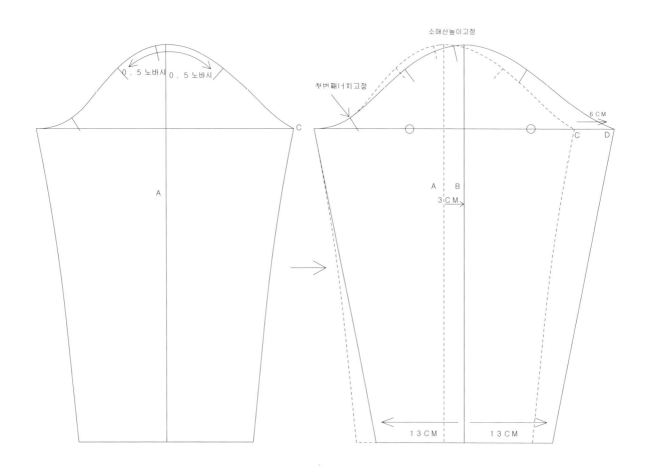

- 소매산 높이는 유지하고 어레인지한다.
- 기본소매 중심 A 에서 B 로 3cm이동
  기본소매 C 에서 6cm이동
  소매중심선 B 에서 13cm씩 이동하여 소매부리 완성
- 소매산을 유지하면서 기본소매를 이용하여 자연스럽게 소매산을 완성한다.
- 소매산 앞뒤 0.5cm 노바시양을 준다

8)   드랍티셔츠

(2)   맨투맨소매 응용

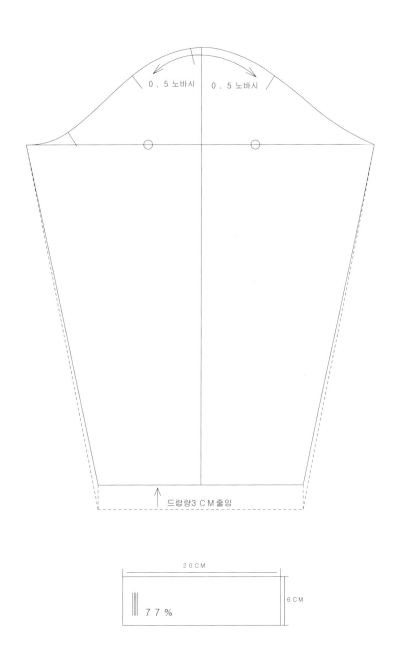

0 . 5 노바시   0 . 5 노바시

드랍량3ＣＭ줄임

2 0 ＣＭ

7 7 %

6 ＣＭ

- 드랍량 3 c m를 소매밑단에서 줄여준다.
- 맨투맨 소매 시보리와 동일하다.
- 소매부리는 변동없다.

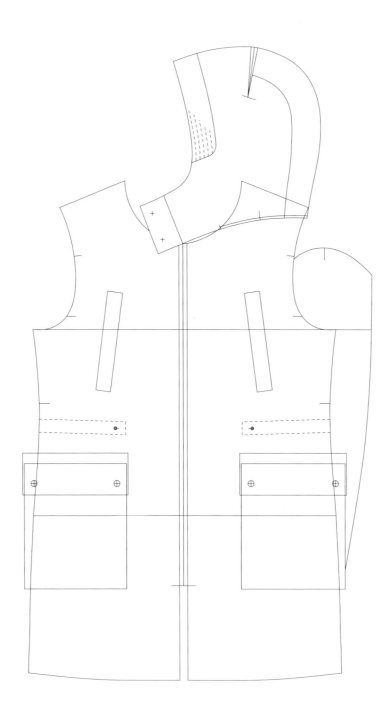

1) 패딩코트 몸판 제도

(1)　기본 점퍼 몸판제도 응용

신장　　　　　178cm

가슴둘레(B)　　92cm (120cm --- 180g)

허리둘레(W)　　80cm

엉덩이둘레(H)　93cm

뒷기장(L)　93.5cm

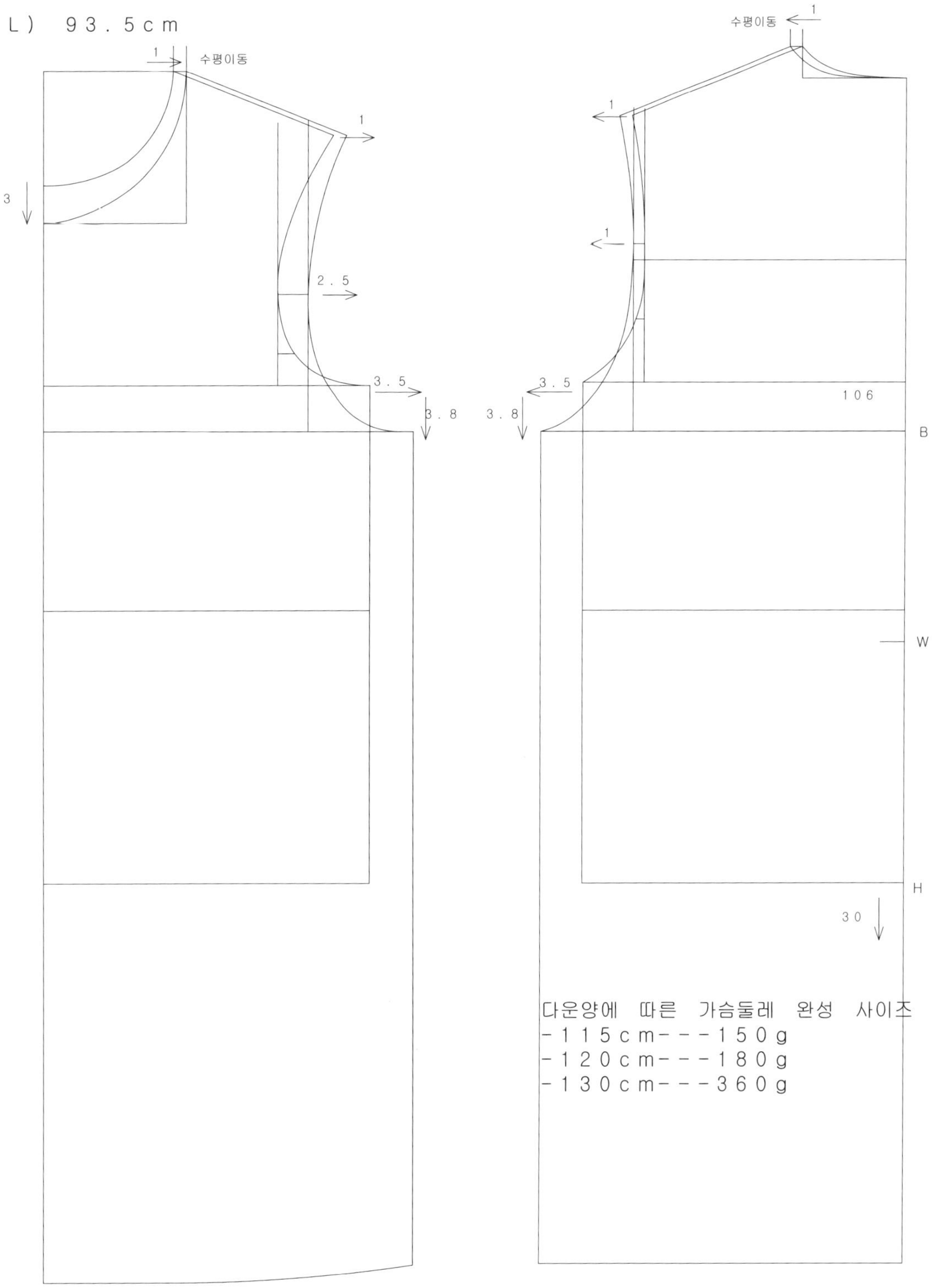

수평이동 ← 1

1 → 수평이동

1 →

3 ↓

2.5 →

3.5 →

3.8 ↓

1 ←

1 ←

3.5 ←

3.8 ↓

106

B

W

H

30 ↓

다운양에 따른 가슴둘레 완성 사이즈
- 115cm --- 150g
- 120cm --- 180g
- 130cm --- 360g

1) 패딩코트 몸판 제도

(1) 기본 점퍼 몸판제도 응용

총장   93.5cm

가슴둘레(B)   120cm

허리둘레(W)   115cm

엉덩이둘레(H)   120cm

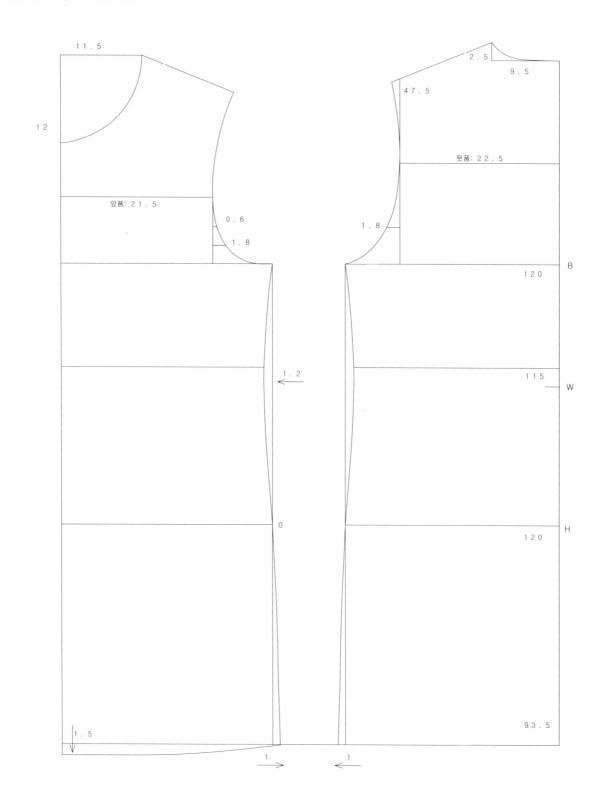

1) 패딩코트 몸판 제도
(1) 기본 점퍼 몸판제도 응용

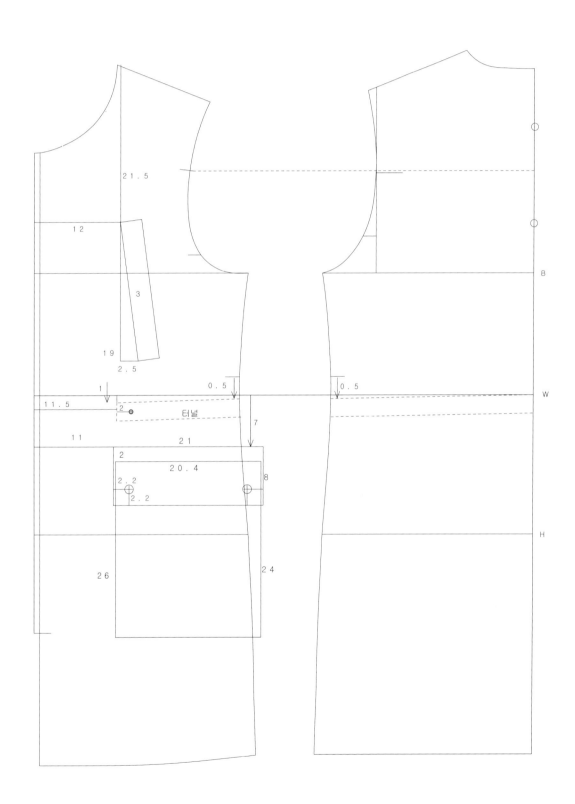

2) 패딩코트 소매 제도
(1) 기본 점퍼 소매 제도 응용

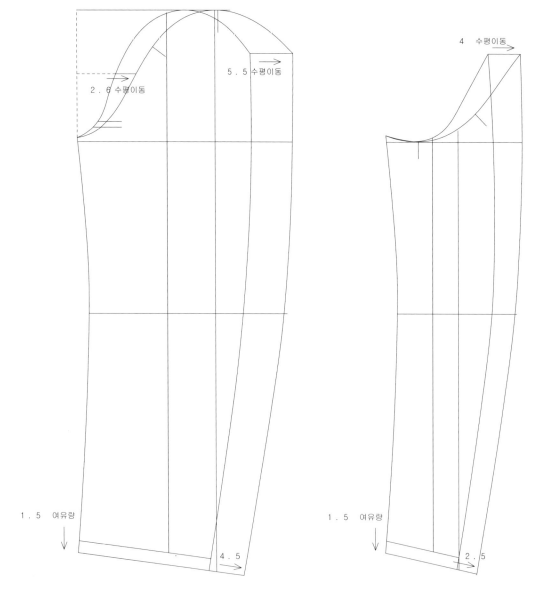

다운양으로 인한 기장 여유를 준다.

2) 패딩코트 소매 제도
(2) 소매이세 확인 및 너치 표시

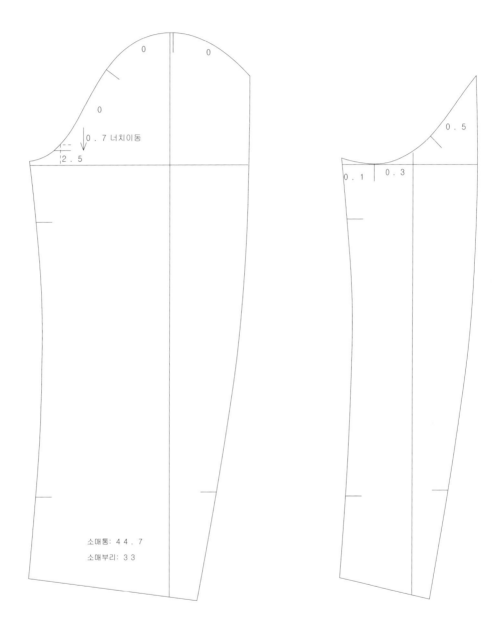

소매통: 4 4 . 7

소매부리: 3 3

2) 패딩코트 소매 제도

(3) 소매 안사양- 우라, 시보리, 삼각무

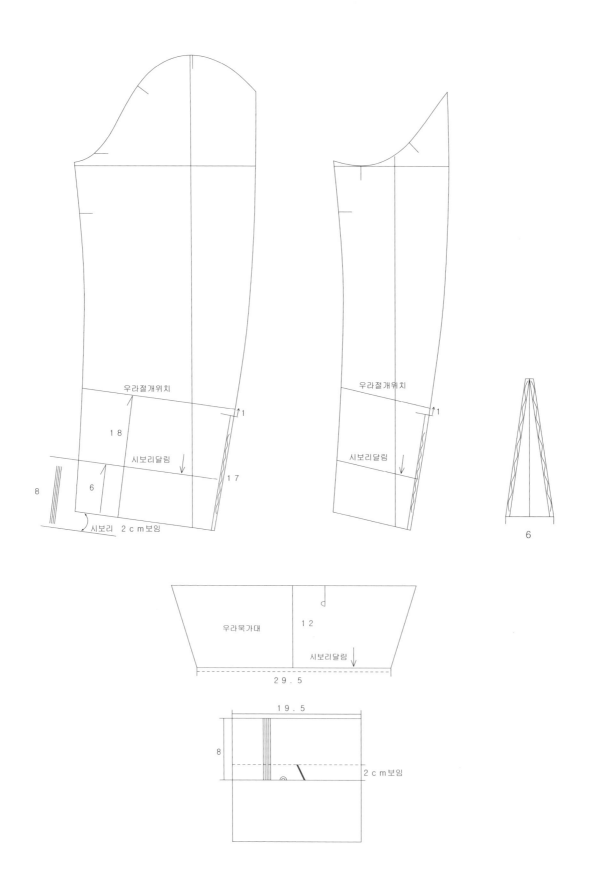

3) 패딩코트 후드 제도

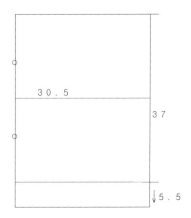

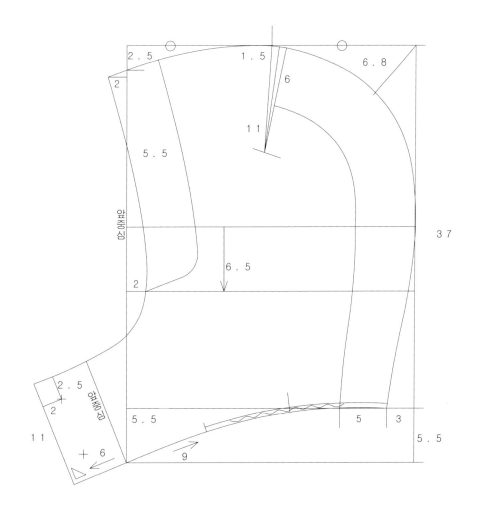

3) 패딩코트 후드 / 카라 제도

후드
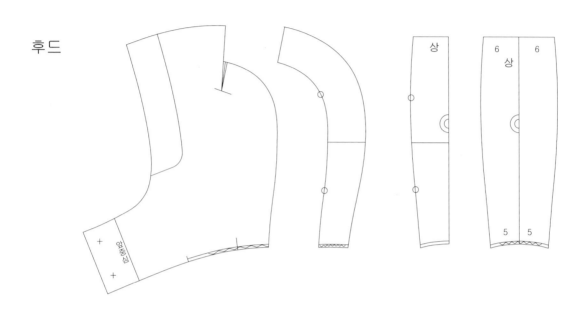

카라
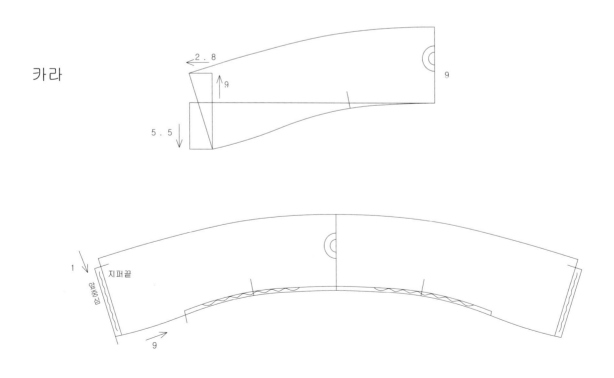

MARTINO TORSO

마르티노 남성복 원형의 활용법

MARTINO TORSO 1

1) 평면적 원형

앞각도 7   뒤각도 5

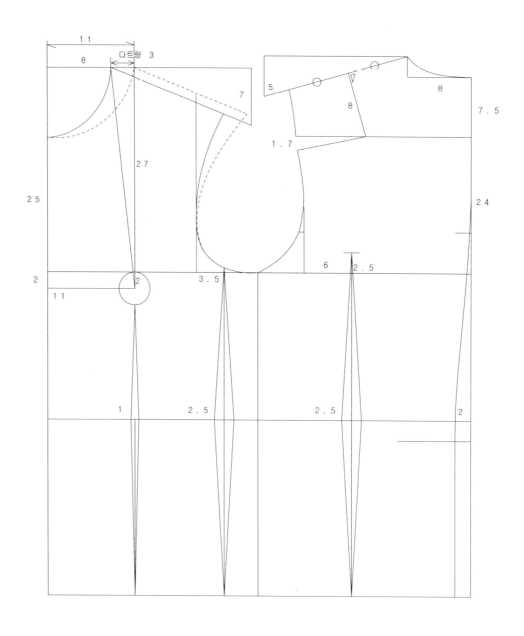

MARTINO TORSO 2

2) 입체적 원형 - 다트량 3

앞각도 7   뒤각도 7

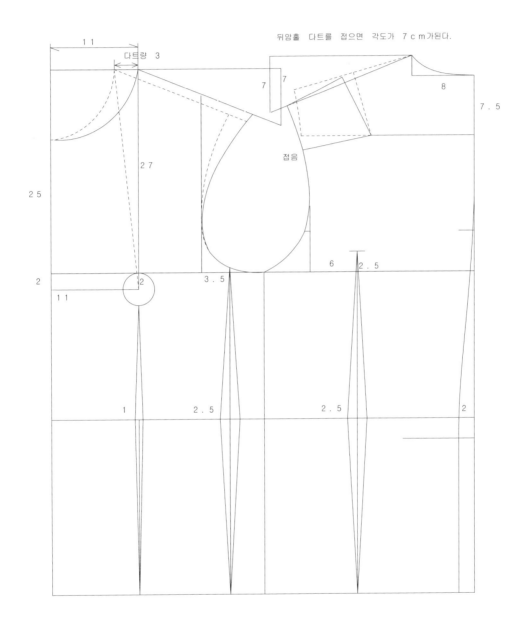

MARTINO TORSO 1
(1) 셔츠원형

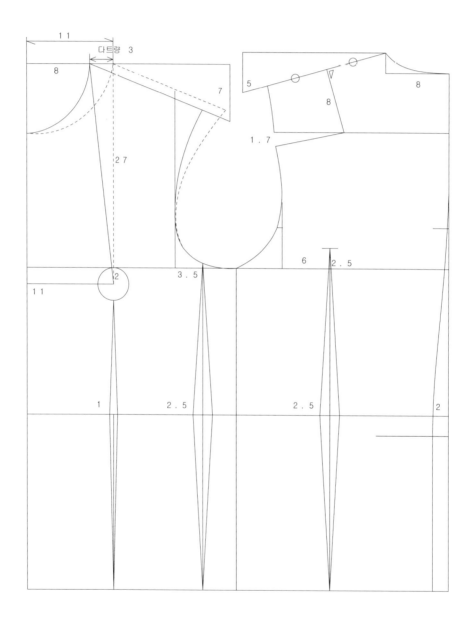

MARTINO TORSO 1
(1)   셔츠원형

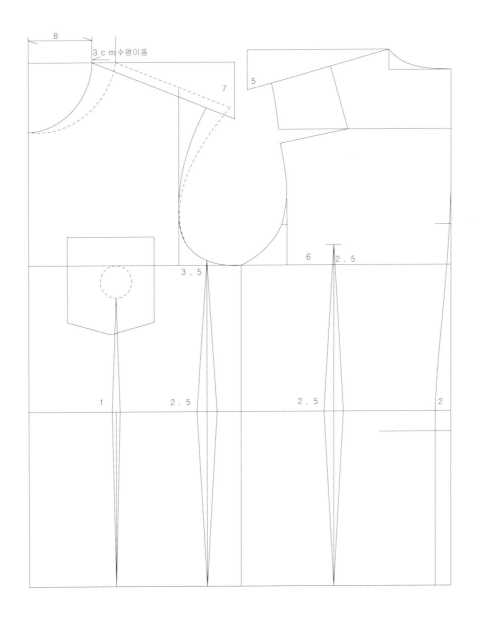

MARTINO TORSO 1
(1) 셔츠원형

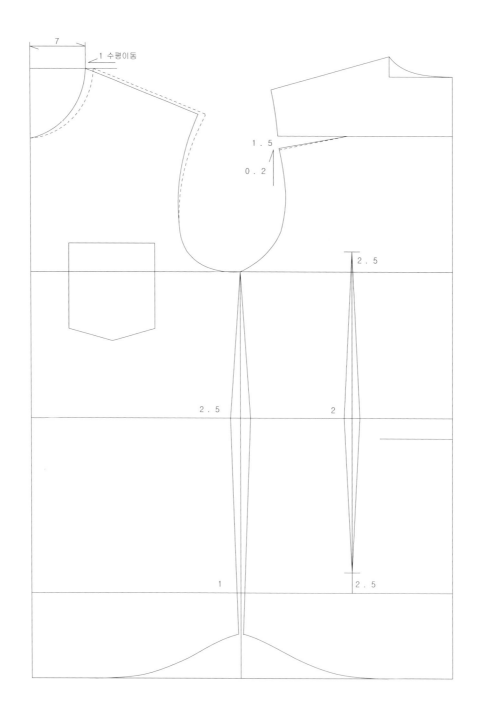

MARTINO TORSO 1

(1) 셔츠원형

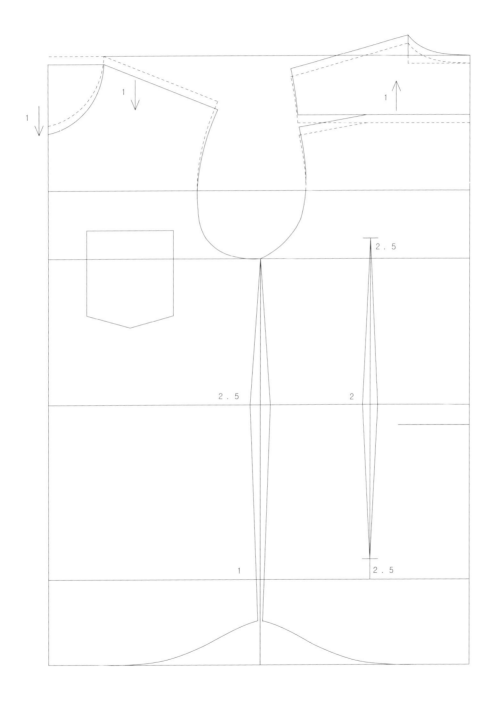

MARTINO TORSO 2
(2) 점퍼원형

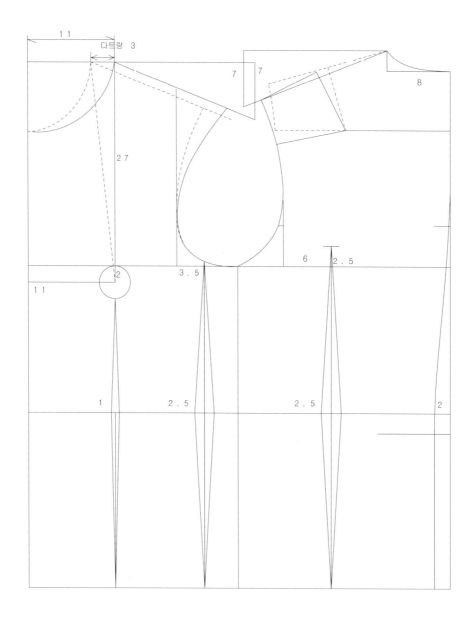

MARTINO TORSO 2
(2) 점퍼원형

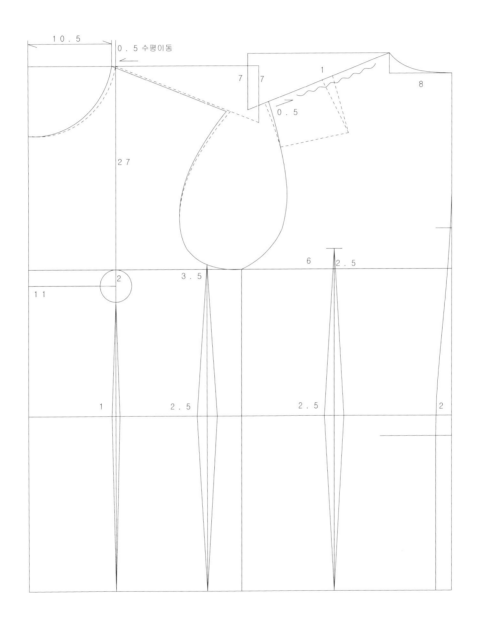

MARTINO TORSO 2
(2) 점퍼원형

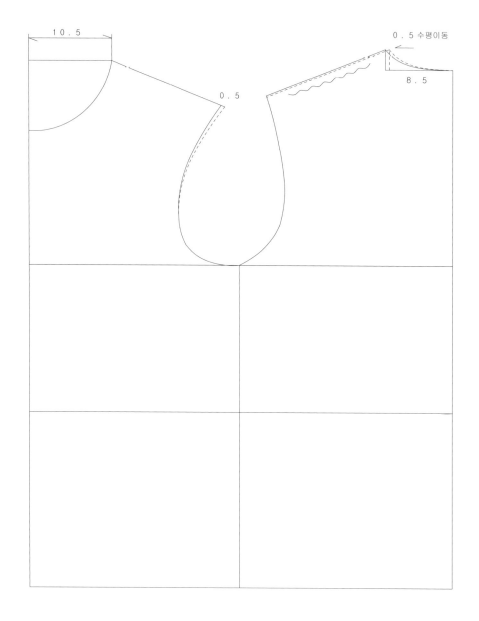

10.5

0.5 수평이동

0.5

8.5

MARTINO TORSO 2

(2) 점퍼원형

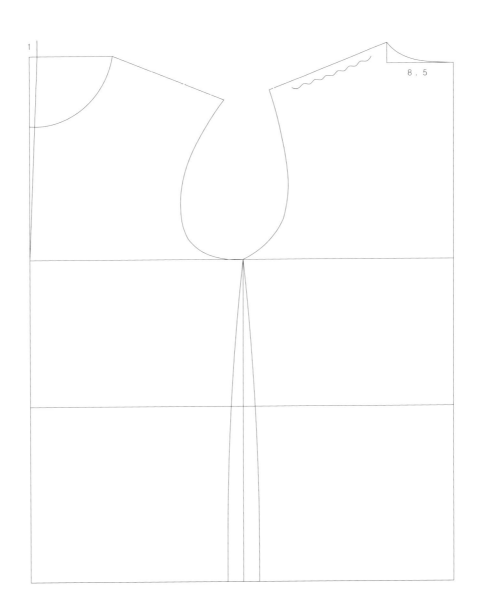

MARTINO TORSO 2
(3) 자켓원형

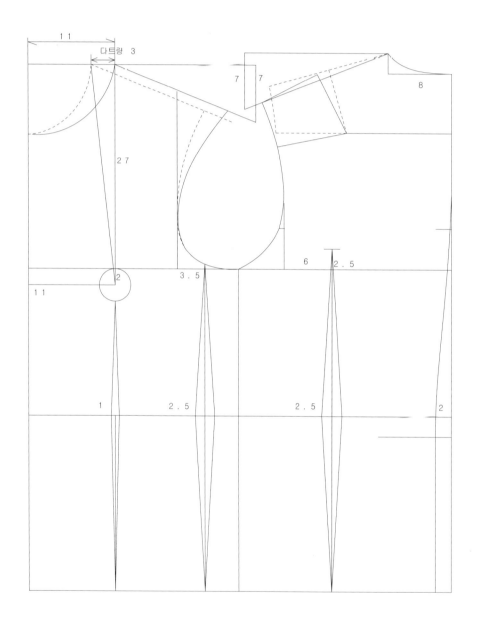

MARTINO TORSO 2
(3) 자켓원형

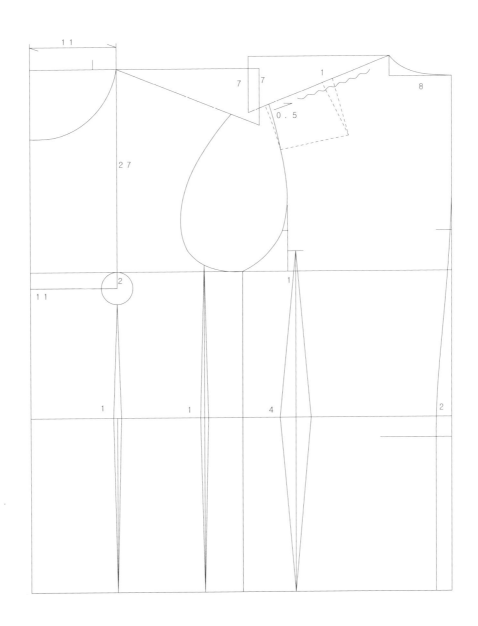

MARTINO TORSO 2
(3) 자켓원형

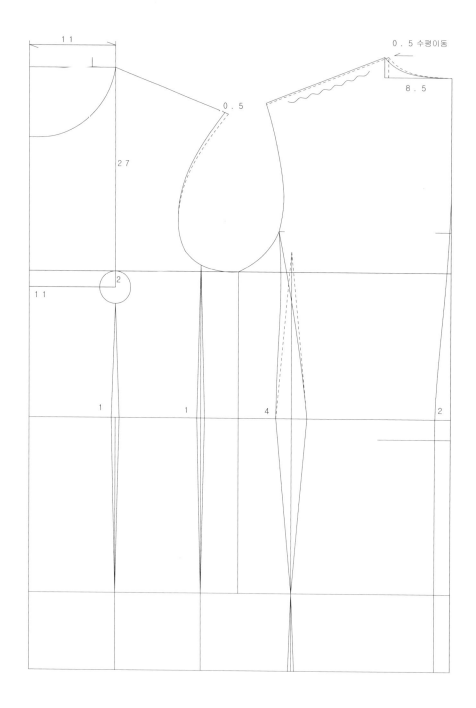

MARTINO TORSO 2
(3) 자켓원형

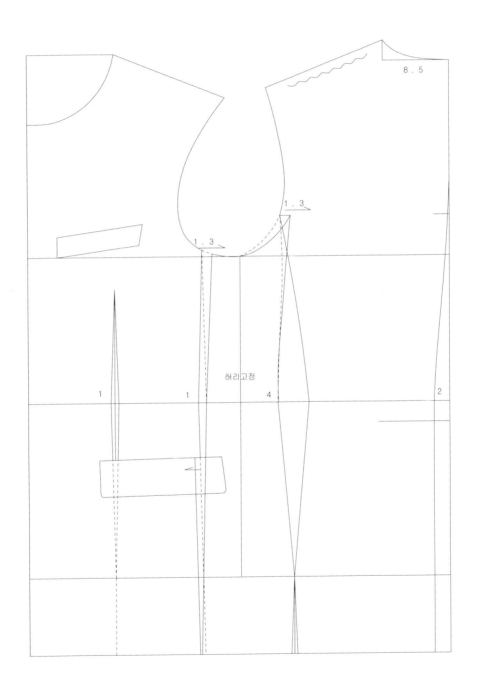

8.5

1.3

1.3

허리고정

1   1   4   2

MARTINO TORSO 2
(4) 코트원형

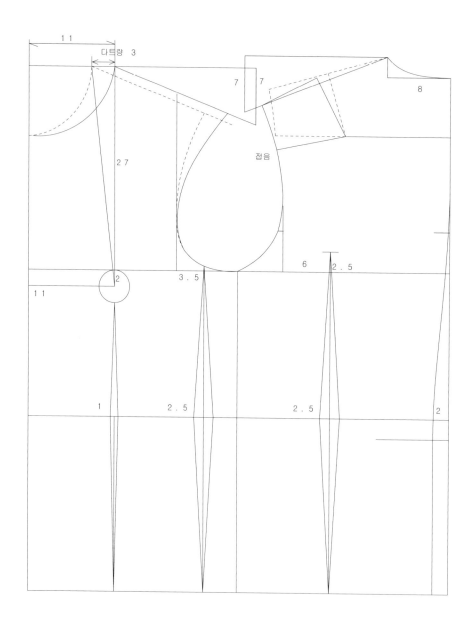

MARTINO TORSO 2

(4) 코트원형

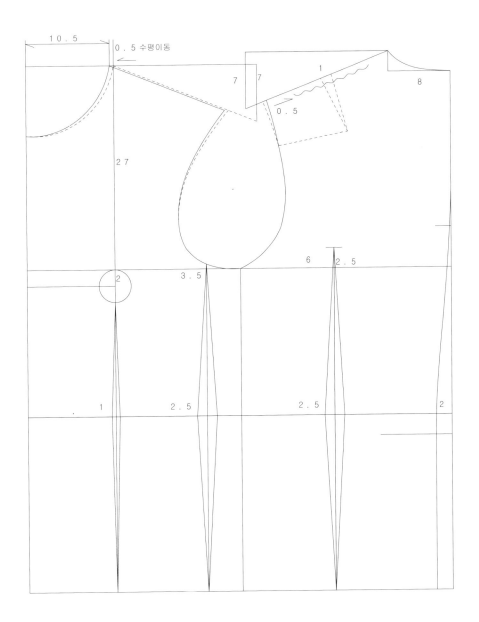

MARTINO TORSO 2
(4) 코트원형

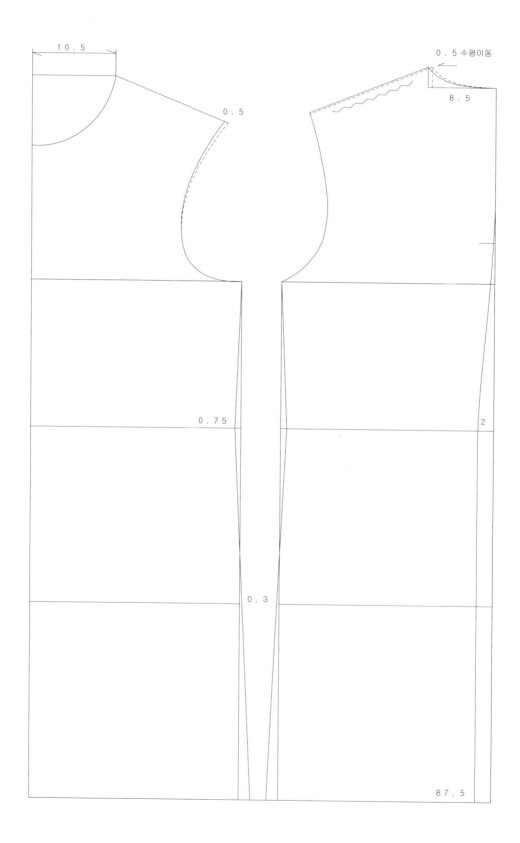

MARTINO TORSO 2

(4) 코트원형

(클래식 코트인 경우 자켓 패턴이 길어진 형태로 본다.)

저자약력

조 극 영 LEO MARTINO
- 현재 (주)솔리드옴므 / 우영미 컬렉션 (MAN & WOMEN)
- (주) 한섬 타임옴므 / 시스템옴므 - 디자인 개발실
- 한국패션모델리스트협회 회장
- 제 50회 전국 기능대회 의상디자인 기술위원 (심사위원)
- 서울모델리스트 컨테스트 심사위원
- 한국산업인력공단 교재검토위원
- 제 27회 전국춘향미술대전 텍스타일부문 대상
- 제 22회 대한민국패션대전 대통령상
- 제 2회 서울모델리스트 컨테스트 대상
- ISTITUTO MARANGONI MODELLSITICA & PRODUZIONE / DIPOLOMA
- 건국대학교 예술디자인대학원 패션디자인

저서
- 남성복 패턴 1
- 클래식 남성복 패턴 2
- 남성복 테일러링 3
- 여성복 패턴 4
- 클래식 여성복 패턴 5

특허
- 의류제도용 운형자 / 출헌번호 30-2016-0021484

남성복패턴 1
MEN'S WEAR PATTERN DESIGN
2014년 6월 17일 초판1세 발행
2018년 4월 20일 초판3세 발행
지은이 조 극 영
블로그 http://blog.naver.com/leomartino
이메일 leomartino@naver.com
편 집 이 후, 허 수 진, 최 윤 호
인 쇄 고구려인쇄
발행인 양 옥 매
발행처 책과나무
주 소 서울특별시 마포구 월드컵북로 44길 37 천지빌딩 302호
대표전화 02-372-1537 FAX 02-372-1538
이메일 booknamu2007@naver.com
홈페이지 www.booknamu.com
정 가 37000원
ISBN 979-11-85609-47-8 93590